DIY

신는 양말로
노는 인형 만들기

SOCKS DOLL

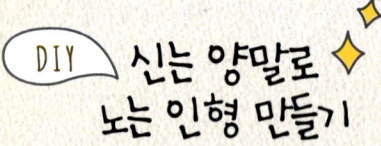

DIY 신는 양말로
노는 인형 만들기

초판 인쇄일 2014년 4월 30일
초판 발행일 2014년 5월 10일

지은이 박수인
발행인 박정모
등록번호 제9-295호
발행처 도서출판 혜지원
주소 (130-844) 서울시 동대문구 천호대로 8길 23(장안 1동 420-3)
전화 02)2212-1227 팩스 02)2247-1227
홈페이지 www.hyejiwon.co.kr

기획 · 진행 최광진
디자인 김희연
영업마케팅 김남권, 황대일, 서지영
ISBN 978-89-8379-820-6
정가 14,000원

이 도서의 국립중앙도서관 출판시도서목록(CIP)은 서지정보유통지원시스템 홈페이지(http://seoji.nl.go.kr)와 국가자료공동목록시스템
(http://www.nl.go.kr/kolisnet)에서 이용하실 수 있습니다.(CIP제어번호 : CIP2014013945)

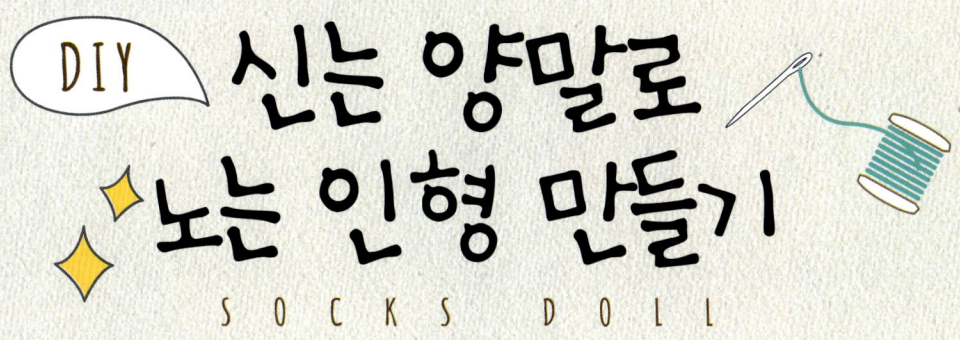

DIY 신는 양말로
노는 인형 만들기
SOCKS DOLL

박수인 지음

헤지원

"아가야 나랑 놀자"

알록달록한 양말로 아기용품을 만들어 보아요.

생후 1개월부터는 흑백 색상을, 생후 3개월부터는 선명한 색상으로 만들어 주세요.

모빌의 경우는 눈에서 30cm 정도 위로 달아 주는 것이 좋아요.

우리 아이에게 직접 만들어 선물해 보세요.

강아지 손목 팔랑이

무지개 애벌레 인형

짱구 배게

막대 딸랑이 / 손목 딸랑이 / 오뚜기 / 흑백 모빌 / 컬러 모빌 / 짱구 배게 /
애벌레 인형 / 흑백 공 / 무지개 공 / 주사위 / 볼링 놀이

코끼리 오뚜기

말 손목 팔랑이

양 흑백 모빌

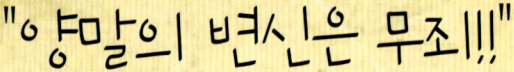

"양말의 변신은 무죄!!!"

인테리어 용품으로 재탄생된 양말 인형.

작아서 신지도 못하는 서랍 속 양말을 꺼내서 새롭게 변신을 해보자.

방문에도, 자가용에도, 식탁에도 멋지게 재탄생된 쓸모있는 양말 인형.

우리집 인테리어는 나에게 맡겨다오~

선인장 화분

꽃 액자

마네키 네코

방문 리스 / 화분 / 자동차 잠시 주차중 / 액자 / 시계 / 메모판

sorry

토끼 잠시 주차중

"더 이상 양말이 아니에요"

발에만 신는 양말이 아니랍니다.

양말의 무한 변신! 다양한 디자인의 양말은 작은 액세서리를 만들기에 딱!

예쁜 양말 꽃이 피었습니다~ 이제 더 이상 양말이 아니라구요!

리본 머리 끈, 핀

리본 헤어 곱창

리본 머리띠

장미꽃 브로치

맛있는 간식 핸드폰 고리

달라호스 열쇠고리

"양말이었습니다

양말로 각종 생활용품을 만들어 보세요!

목 쿠션, 메모 홀더, 핸드폰 홀더, 연필꽂이, 휴지 걸이 무엇이든 만들 수 있어요!

양말로 만든 생활용품 그 특별함에 반할 거예요~

고양이 연필꽂이

아기가 타고 있어요

연필 꽂이 / 목 쿠션 / 메모 홀더 / 핸드폰 홀더 / 휴지 걸이

개구리 손목 쿠션

곰군 토송이 부츠 키퍼

"양말 맞아요,"

특별한 날 특별한 양말 인형을 만나보세요~

산타 할아버지도, 귀여운 눈사람도, 심술쟁이 꼬마 마녀도

사랑을 전하는 곰돌이도 더욱 특별해 진답니다!

크리스마스

눈사람 인형

산타 인형

루돌프 인형

할로윈 데이

마녀 인형

호박 인형

양말 인형은 그 유래가 가슴을 따뜻하게 해줍니다.
미국 광산촌 가난한 광부의 아내가 손녀의 크리스마스 선물을 대신해
남편이 신던 두껍고 큰 낡은 양말을 이용해서 인형을 만들어 선물했다고 합니다.
크리스마스를 기다리는 손녀를 위해 아이가 잠든 새벽 몰래 인형을 만들었을 모습을 상상하니
가슴 아프면서도 그 깊은 사랑이 느껴집니다.

그래서 일까요? 처음 양말 인형을 보았을 때 저도 모르게 너무나 만들어 보고 싶었어요.
처음 만든 원숭이 인형을 태어난 지 얼마 안된 셋째 딸에게 선물했답니다.
인형보다 작은 아이를 보며 얼마나 웃었던지요.

좀 더 많은 분들과 양말 인형의 따뜻한 감성을 나누고 싶어 이렇게 책을 쓰게 되었답니다.
아마 책을 보는 순간 신고 있는 양말을 쳐다보게 될 거예요!
양말의 재발견! 이럴 수가~ 하고 말이죠.

양말의 무한변신 지금 시작합니다!
함께해요~

저자 박수인

| 아기용품 만들기

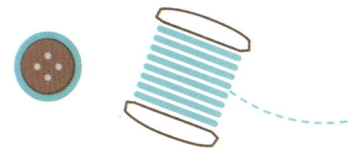

‖ 인테리어 소품 만들기

Ⅲ 액세서리 만들기

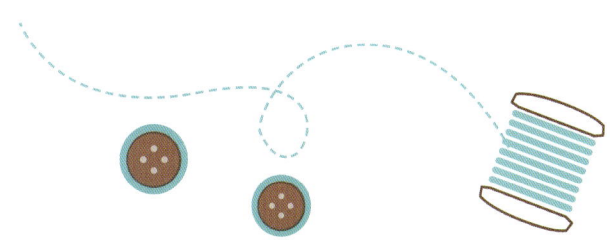

Ⅳ 생활용품 만들기

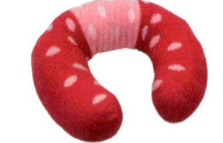

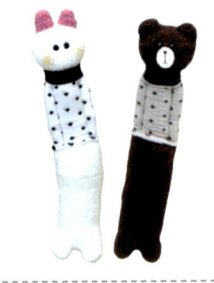

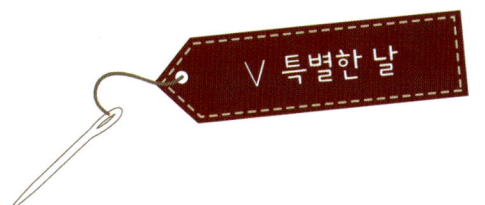

특별한 날

크리스마스

밸런타인데이

할로윈 데이

양 말 인 형 만 들 기

part.1
───────
준비하기

part.1

양말 인형 만들기 준비물

실

솜

시침핀

바늘

24

단추, 구슬 비즈등

패브릭 펜

겸자

가위

25

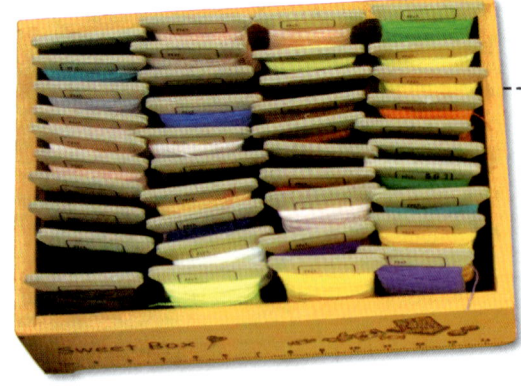

실

면실 : 여러 가지 색상의 면실은 양말 색상에 맞추거나 포인트를
줄 수 있다.

퀼트실 : 퀼트실은 끊어짐이 적고 튼튼하기 때문에 기본 색상 흰
색, 검은색을 준비해서 박음질을 하거나 홈질 후 잡아
당겨 바느질을 해야하는 경우 사용하면 좋다.

십자수실 : 코, 입 등 수를 놓을 때 사용하면 좋다.

솜

방울 솜 : 방울 모양으로 좁은 공간에 솜을 넣을 때,
작은 작품을 만들 때 사용하면 구석까지 솜이 들어가서
모양이 예쁘다.

구름 솜 : 덩어리 형태로 큰 인형을 만들거나 단순한 형태의 인형에
사용하면 좋다.

바늘

긴 바늘 : 긴 바늘을 이용해 눈을 달거나. 팔과 다리를 한 번에
연결할 때 사용. 여러 가지 크기의 바늘을 준비해서 사
용하면 인형을 만들 때 편리하다.

비즈 바늘 : 작은 구슬을 달 때 사용한다.

패브릭 펜

수성 펜 : 세탁하거나 물이 묻으면 지워진다.

기화성 펜 : 시간이 지나면 지워진다.

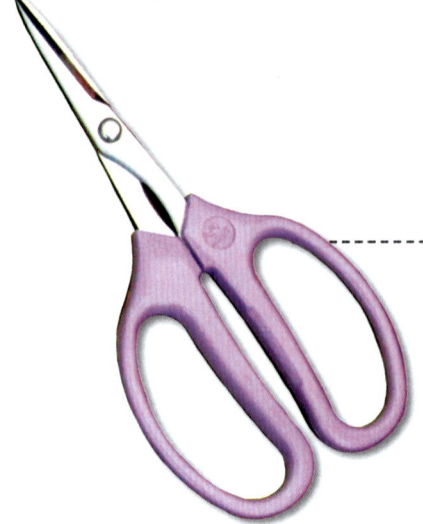

가위

- -

재단 가위, 일반 가위, 쪽가위 등 용도에 맞게 사용

겸자

- -

솜을 넣을 때 편리하고 여러 가지 길이의 겸자가 있다.

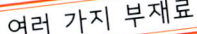

여러 가지 부재료

검은 구슬 : 다양한 크기의 구멍이 뚫린 검은 구슬로 인형 눈을 표현할 수
있다.

단추 : 크기, 색상, 재질에 따라 여러 가지 느낌으로 인형을 만들 수 있다.

그 밖에 나무 반제품, 스펀지, 소리 방울, 펠트지, 원단, 금속재료, 리본, 가
죽끈, 레이스 등을 활용할 수 있다.

시침핀

시침핀 : 눈, 팔, 다리 등의 위치를 표시할 때 사용하면 편리하고,
바느질할 때 양말이 움직이지 않도록 임시 고정을 하
는 용도로 사용한다.

양말의 종류와 바느질 법

1. 양말 준비

양말은 다양한 길이와 디자인, 소재가 있어 수많은 느낌의 인형을 표현하는데 훌륭한 재료입니다.
만들고 싶은 인형에 따라 알맞은 양말을 선택하여 나만의 양말 인형을 만들자!

2. 양말 자르기

뒤집어 측면, 정면, 뒷면 등으로 양말을 펼치고 원하는 모양대로 자르기

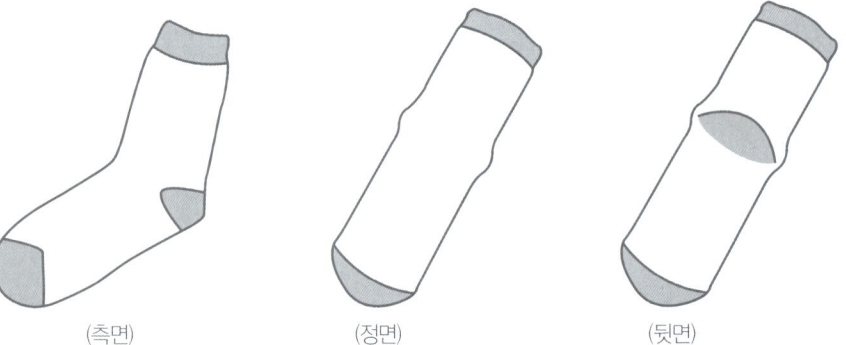

(측면)   (정면)   (뒷면)

3. 바느질하기

❶ 기본 바느질 : 박음질

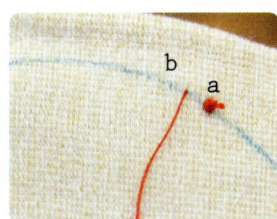 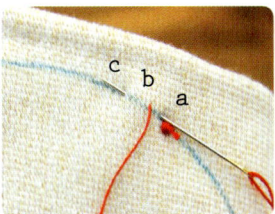 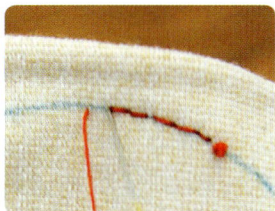

❖ a → b로 바느질 a → c로 같은 방법으로 계속 진행

❷ 창구멍(2cm 정도) 남기고 박음질 후 시접(0.2~0.5mm 정도) 남기고 자르기

❸ 창구멍으로 뒤집기

❹ 솜 넣기

❖ 겸자를 이용해서 창구멍으로 솜 넣기

⑤ 바느질

• 공그르기로 창구멍 바느질

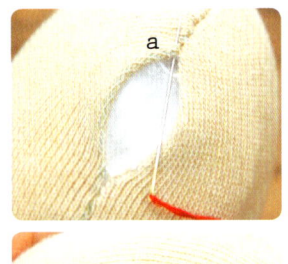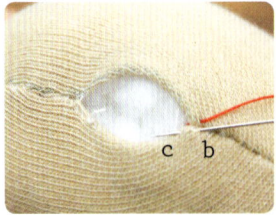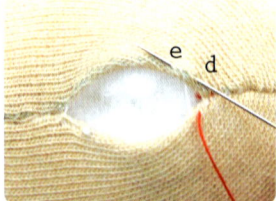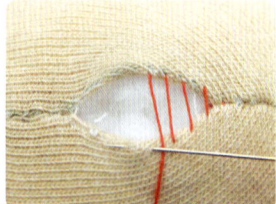

❖ a지점으로 바느질 시작 〉 b → c 〉 d → e로 진행한 후 잡아당겨 매듭짓기

• 감침질로 창구멍 바느질

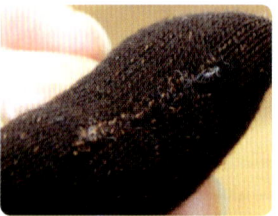

❖ a지점으로 바느질 시작 〉 b → c 〉 d → e로 진행한 후 잡아당겨 매듭짓기

• 공그르기로 연결

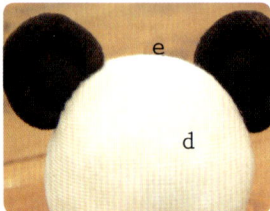

❖ 연결할 부분 전체를 돌아가며 공그르기

❻ 바느질

• 코 (새틴스티치) : 영역을 매꾸는 바느질

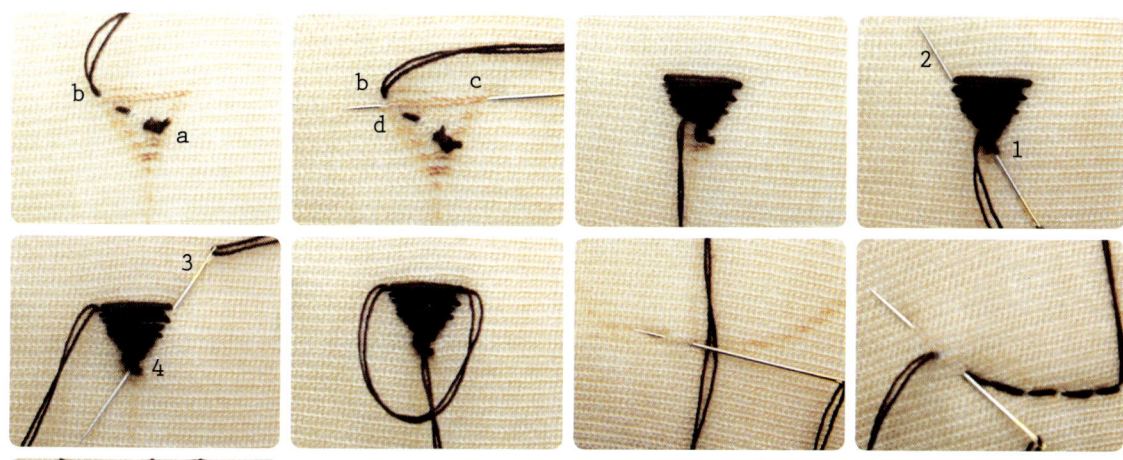

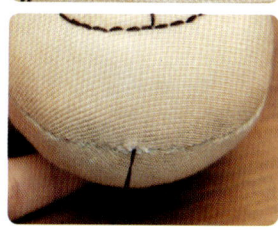

❖ a지점으로 바느질 시작 〉 몇 땀 홈질로 b로 이동

    c →d로 반복 진행 후 〉 1 → 2로 바느질 〉 3→ 4로 바느질

    당겨주면 아래로 Y자 형태가 만들어 진다.

    이후 입 모양을 박음질하고 아래 부분으로 실을 빼서 매듭짓기

❼ 구슬 눈 바느질 하기

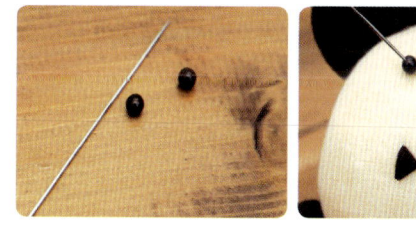  

❖ 구슬이나 단추로 눈 표현할 때는 긴 바늘을 이용해서 아래 부분부터 바느질 시작

    한쪽 눈을 달고 아래로 내려와 다시 남은 눈을 달고 아래에서 매듭짓기

8 볼 터치 표현

❖ 색연필, 패브릭 크레파스, 아이쉐도 등으로 색칠한다.

9 솜 넣고 바느질하기

❖ 솜을 넣고 실을 두 겹으로 매듭짓고 입구 부분을 1cm정도 시접을 남기고 둘레를 홈질한 다음 /
시작 지점 매듭사이에 통과시켜 / 시접을 안쪽으로 집어넣고 / 잡아당긴 다음 매듭짓기

10 공그르기로 부분 연결하기

❖ 몸과 머리 등을 연결할 때 연결할 부분을 원형으로 돌아가며 공그르기한다.

⑪ 팔, 다리 연결하기

팔과 다리를 연결할 때 공그르기, 감침질, 홈질 등 여러 방법을 이용할 수 있다

· 단추를 이용해서 연결하기

❖ 긴 바늘을 이용해서 팔 안쪽 부분에서 바느질 시작 / 한쪽 팔 바깥쪽에 단추를 끼워서 바느질하고
  다시 팔과 몸통을 통과해 다른 팔과 단추를 통과 / 2~3번 정도 왕복하여 바느질하고
  팔 안쪽에서 매듭짓기

아 기 용 품 만 들 기		인테리어 소품 만들기	
토끼 막대 딸랑이		부엉이 방문 리스	
곰 막대 딸랑이		토끼 잠시 주차중	
말 손목 딸랑이		꽃 액자	
강아지 손목 딸랑이		원숭이 시계	
코끼리 오뚜기		코르크 메모 보드	
양 흑백 모빌		선인장 화분	
달팽이 컬러 모빌		오픈, 클로즈 구름 문패	
고양이 짱구 배게		마네키네코	
무지개 애벌레 인형		마트로시카	
무지개 공			
흑백 공			
원숭이 볼링 놀이			

액 세 서 리 만 들 기		생 활 용 품 만 들 기	
달라호스 열쇠고리		편안한 목 쿠션	
맛있는 간식 핸드폰 고리		개구리 손목 쿠션	
리본 헤어 곱창		곰군 부츠 키퍼	
리본 머리띠, 핀		토송이 부츠 키퍼	
장미꽃 브로치		고양이 키보드 쿠션	
리본 머리 끈		꼬꼬가족 메모홀더	
과일 메모 집게		아기가 타고 있어요	
		고양이 연필꽂이	
		거북이 핀 쿠션	
		돼지 핸드폰 홀더	
		강아지 휴지 걸이	

특 별 한 날

크리스마스
눈사람 인형
산타 인형
루돌프 인형
밸런타인데이
하트 곰인형
할로윈 데이
마녀 인형
호박 인형

양 말 인 형 만 들 기

part.2

양말 공예

깡총깡총 뛰면서~♪

도안은 151p에 있어요!

토끼 막대 딸랑이

아기를 닮은 귀여운 토끼 딸랑이 ~ 딸랑 딸랑 아기야 울지마 ^^

1 | 토끼 얼굴 박음질. (2mm정도 시접을 남겨준 후 오리기)
2 | 창구멍으로 뒤집어 방울 솜과 딸랑이 넣기
3 | 토끼 귀 박음질   4 | 솜 넣기
5 | 솜 넣은 모습   6 | 홈질 후 당겨 매듭짓기
7 | 손잡이 박음질   8 | 창구멍으로 뒤집어 솜 넣기
9 | 상단을 홈질 후 잡아당겨 마무리

Tip 다양한 색상과 여러 디자인 양말 준비

몇 가지 양말을 이용하거나 양말 부위별 색상이나 디자인 위에
도안을 어떻게 배치하느냐에 따라 다양한 디자인이 나온답니다.

1 | 공그르기로 귀 붙이기
2 | 구슬로 눈 만들고, 코는 수 놓기
3 | 손잡이와 얼굴은 공그르기로 연결
4 | 토끼 막대 딸랑이 완성!
5 | 스카프를 만들어 예쁘게 꾸미기

Tip 다양한 구슬 준비

구멍이 뚫린 검은 구슬은 다양한 크기가 있어요.
몇 가지 크기의 구슬을 준비해서 원하는 느낌을 표현해 보세요!

곰 세마리가 한집에 있어~♬

도안은 152p에 있어요!

곰 막대 딸랑이

우리 아기 장난감을 직접 만드는 기쁨과 행복
부드러운 촉감과 다양한 디자인의 양말을 이용해서 만들어 보세요!
엄마표 장난감이 최고!

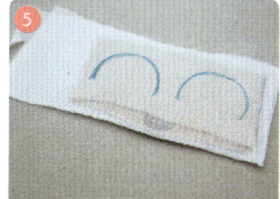   

1 | 양말을 잘라 뒤집고 곰 얼굴 그리기
2 | 박음질 후 시접 남기고 자르기
3 | 뒤집고 솜 넣기
4 | 방울과 함께 넣기
5 | 자른 양말을 뒤집고 귀 그리기
6 | 박음질 후 시접 남기고 자르기
7 | 뒤집고 홈질로 스티치
8 | 귀 아래 부분 홈질 후 당겨 매듭짓기
9 | 손잡이 부분 박음질 후 자르기
10 | 뒤집어 솜 넣기

Tip 접착심지 이용하기

아기 용품을 만들때 는 솜이 빠져 나오지 않도록
접착심지를 양말 안쪽에 접착을 해주면 좋아요!

1 | 얼굴에 귀 공그르기
2 | 양쪽 귀 달기
3 | 펠트지 둥글게 잘라 감침질
4 | 코(새틴스티치) 입(박음질)
5 | 얼굴과 손잡이 공그르기
6 | 곰 막대 딸랑이 완성

 Tip 시침핀 이용하기

귀의 위치를 잡아줄 때 시침핀을 이용해서 표시를 하고
바느질을 하면 예쁘게 나온답니다.

손목에서 딸랑 딸랑 소리가 나요!

도안은 153p에 있어요!

말 손목 딸랑이

귀여운 말 인형이 아기 손목에서 딸랑 딸랑
말처럼 건강하게 쑥쑥 자라거라 ^^

42

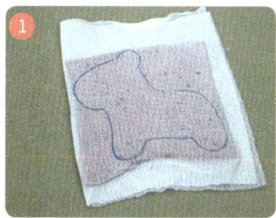

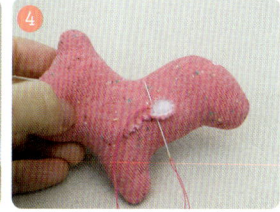

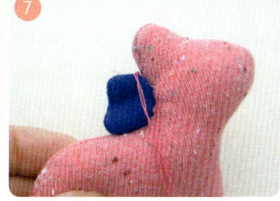

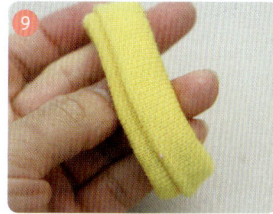

1 | 말 도안 그리기
2 | 박음질 후 시접, 창구멍 남기고 자르기
3 | 뒤집어 솜 넣기　　　　　　　　4 | 창구멍 감침질
5 | 등 갈기, 꼬리 도안 그리기　　　6 | 박음질 후 자르기
7 | 뒤집어 말 등에 공그르기　　　　8 | 구슬 눈 달기
9 | 발목 부분을 잘라 3겹으로 접기　10 | 둘레 감침질

Tip　솜 넣기와 눈 달기

겸자를 이용해 솜을 넣으면 구석 구석 예쁘게 넣을 수 있어요.
구슬 눈을 바느질할 때 조금 당겨주면 살짝 들어간
느낌이 더 예쁘답니다.

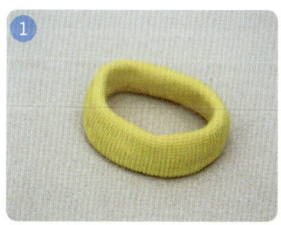
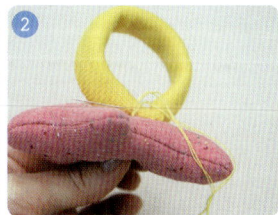
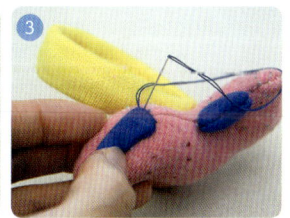

1 | 손목 밴드 완성
2 | 손목 밴드와 말 공그르기
3 | 꼬리 바느질해서 엉덩이에 공그르기
4 | 말 손목 딸랑이 완성!

Tip　공그르기

공그르기를 할 때 서로 바느질 될 부분을 둥근 모양으로
바느질하면 튼튼하게 바느질 된답니다.

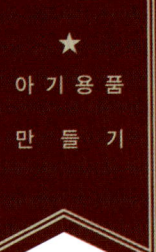
신나게 손을 흔들어요. 딸랑딸랑

도안은 154p에 있어요!

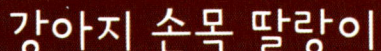

강아지 손목 딸랑이

아기가 혼자서 놀기 시작할 때 팔을 움직이면 소리나는 손목 딸랑이는
우리 아기 오감 발달에 아주 좋답니다!

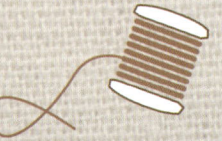

1 | 팔목 밴드 : 발목 부분을 잘라 펼치기
2 | 겉면끼리 맞대서 반으로 접어 양끝 2cm정도 남기고 박음질
3 | 뒤집어 반으로 접어 양쪽 끝을 맞대어 박음
4 | 펴서 측면 부분을 바느질로 마무리
5 | 얼굴 : 박음질. (2mm정도 시접을 남겨준 후 오리기)
6 | 뒤집어 방울솜과 딸랑이를 넣고 감칠질로 마무리
7 | 입 : 양말의 흰 부분을 잘라 박음질 후 창구멍을 내서 뒤집어
　　준 후 모양 잡기
8 | 강아지 얼굴을 감칠질로 마무리
9 | 귀 : 시접을 남겨 박음질
10 | 창구멍을 통해 뒤집어서 바느질로 마무리

Tip 창구멍 내기

창구멍은 바느질로 인해 감춰지는 부분에 만들어 주세요.

1 | 공그르기로 귀 붙이기
2 | 구슬로 눈 만들기
3 | 코 : 검은 양말이나 펠트지를 둥글게 잘라 홈질 후 잡아당기기
4 | 공그르기로 코 만들기
5 | 손목 부분을 강아지 얼굴 뒷면에 공그르기
6 | 팔목에 끼워 완성!

Tip 바느질 시작

바느질을 시작하는 지점은 최대한 매듭이
보이지 않는 곳에서 시작하세요.

절대 넘어지지 않아요!

도안은 155p에 있어요!

코끼리 오뚝기

아기 장난감 필수품 오뚝기~ 흔들 흔들 쓰러지지 않고
아이와 즐겁게 놀아준답니다 ^^

1 | 양말과 오뚜기 볼 준비
2 | 발목 부분 자르기
3 | 뒤집어서 홈질하고 당겨 매듭짓기
4 | 뒤집어 오뚜기 볼에 씌우기
5 | 얼굴모양으로 잘라 박음질하고 창구멍 내기
6 | 뒤집어 창구멍으로 솜 넣기
7 | 창구멍 감침질
8 | 몸통 부분 바느질
9 | 뒤집어 솜 넣기
10 | 얼굴과 몸통 공그르기 연결

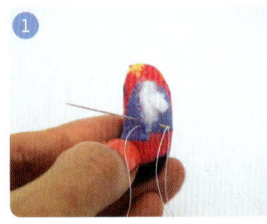  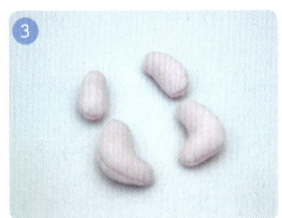

  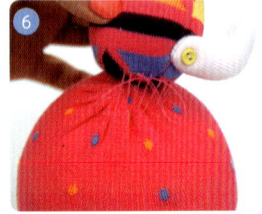

1 | 코 바느질해서 솜 넣기

2 | 발 끝 부분 2등분해서 귀 만들기

3 | 팔, 다리 만들기

4 | 팔 양쪽에 단추를 함께 놓고 긴 바늘로 몸을 통과해
  한 번에 바느질

5 | 코 공그르기, 다리 달기

6 | 완성된 인형 오뚜기 볼 위쪽에 공그르기

Tip 박음질 후 창구멍으로 뒤집어 솜넣기

코와 팔다리는 도안대로 박음질 후 뒤집어 솜을 넣으세요.

양 한 마리~ 양 두 마리~

도안은 156p에 있어요!

양 흑백 모빌

백일이 지나지 않은 신생아들은 색깔을 구분하지 못하고 명암만 느껴요!
흑백 모빌을 달아주어 우리 아이의 시각 발달을 도와주세요~

49

1 | 흑백 디자인 반스타킹 준비
2 | 한쪽 다리 부분 자르기
3 | 솜 넣기
4 | 양끝 홈질 후 당겨 매듭짓기
5 | 양끝 맞대고 공그르기
6 | 모빌대 완성

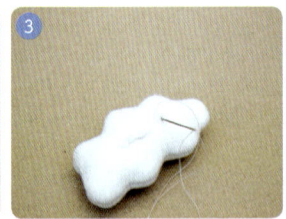

1 | 흰색 양말에 구름 모양을 그려 박음질 후 자르기
2 | 뒤집어 창구멍으로 솜 넣기
3 | 창구멍 감침질
4 | 구름 인형 4개 만들기
5 | 흰색 양말의 발끝 부분을 잘라 솜 넣기
6 | 입구 홈질 후 시접 넣기
7 | 당겨서 매듭짓기(몸통 완성)

1 I 검은 양말로 다리 4개 만들기
2 I 양 얼굴 만들고 펠트지로 귀 만들어 붙이기
3 I 몸에 다리와 머리 공그르기
4 I 모빌대, 양, 구름 완성
5 I 양 몸에 리본 묶기   6 I 모빌대에 한 번 감기
7 I 모빌대 위로 리본 끈을 모아서 묶고 고리 만들기

우리 아기 시력 발달 도우미

도안은 157p에 있어요!

달팽이 컬러 모빌

아기가 태어난 지 100일이 지나면 컬러 모빌로 바꾸어 주어야 합니다!
아기의 눈에서 40cm 정도 떨어진 곳에 40도 정도의 각도에 달아주면
시각 발달에 많은 도움이 된답니다.

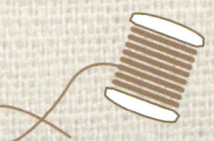

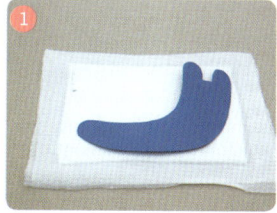   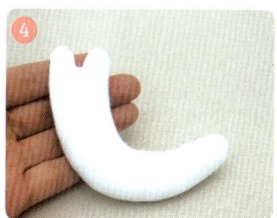

1 | 달팽이 몸 도안 그리기　2 | 박음질 후 자르기
3 | 뒤집고 솜 넣기　4 | 몸 완성
5 | 여러 가지 컬러 양말 준비
6 | 동그랗게 잘라 박음질
7 | 창구멍으로 뒤집고 솜 넣기
8 | 창구멍 감침질 후 단추 달고 홈질로 스티치
9 | 비즈 구슬로 눈 달기, 입 박음질로 수놓기
10 | 달팽이 완성!

 **Tip**

컬러 모빌을 만들 때는 원색 위주의 양말과 단추를 이용하세요!

1 | 나무 리스 준비
2 | 마끈과 나무 구슬로 끈 만들고 고리 만들기
3 | 리스에 4개의 마끈을 균등한 위치에 묶기
4 | 마끈 끝을 매듭지어 단추에 걸기
5 | 펠트로 나뭇잎을 만들기
6 | 나뭇잎을 글루건으로 리스에 붙이기

Tip

나무 리스 대신 플라스틱 나무 리스를 사용하거나
오르골을 달아 주어도 좋아요!

예쁜 우리아기 머리를 위해

도안은 158p에 있어요!

고양이 짱구 베개

수면 양말을 이용해서 만든 아기 베개랍니다.
포근 포근해서 편안하게 잠든 아기가 건강하게 자라겠지요?

1 | 수면 양말 한 켤레 준비　2 | 발끝 부분 자르기

3 | 발바닥 부분 잘라서 펴기

4 | 두 장을 겉면끼리 겹치고 도안 그리기

5 | 박음질하고 자르기　6 | 뒤집어 창구멍으로 솜 넣기

7 | 핑크색 양말 준비　8 | 발바닥 부분 자르기

9 | 겉면끼리 반으로 겹치고 고양이 그리기

10 | 박음질하고 창구멍 자른 후 뒤집기

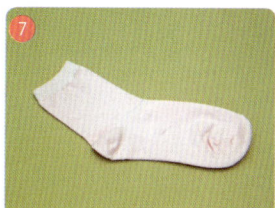 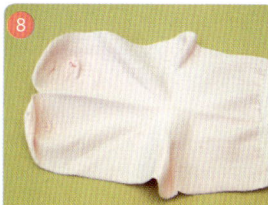  

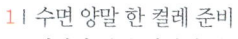

1 | 짱구 베개 가운데 부분에 위치

2 | 고양이 얼굴 수놓기

3 | 양말 끝 부분으로 귀 만들기

4 | 공그르기

5 | 고양이 짱구 배게 완성!

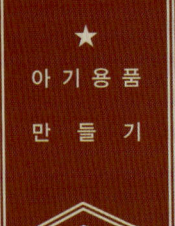

꼬물꼬물 난 나비가 될거야!

도안은 159p에 있어요!

무지개 애벌레 인형

아기 장난감 인형 중에 가장 인기 있는 애벌레 인형을 양말로 만들어 보세요!
부드러운 촉감과 소리나는 방울을 함께 넣어 오감 발달을 도와줄 수 있답니다~

1 | 무지개색 반장 양말과 초록색 양말 준비
2 | 무지개 양말은 4등분. 초록색 양말은 같은 길이로 자르기
3 | 초록색 양말 솜 넣고 홈질 후 잡아 당겨 매듭
4 | 무지개 양말 뒤집어 홈질 후 매듭짓고 다시 뒤집기
5 | 모두 솜 넣고 완성하기   6 | 공그르기로 각각 연결
7 | 모두 연결   8 | 펠트지로 얼굴 모양 잘라 감침질
9 | 구슬 눈 달고 입 수놓기

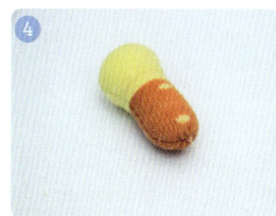

1 | 더듬이 만들 양말 준비
2 | 더듬이 모양으로 박음질 후 자르기
3 | 뒤집어 솜 넣기   4 | 입구 부분 홈질 후 당기고 매듭짓기
5 | 공그르기로 더듬이 달기   6 | 무지개 애벌레 인형 완성!

알록달록 무지개 공 만들기

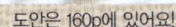

도안은 160p에 있어요!

 **무지개 공**

알록달록 소리나는 무지개 공으로 아이들 오감 발달에 도움을 주세요!
신나는 공놀이도 하고 볼링 놀이도 함께하며 즐거운 시간 보내세요.

1 I 무지개 반장 양말 준비	2 I 발목 부분 자르기
3 I 측면 잘라서 펴기	4 I 도안 그리기
5 I 6장 그리기	6 I 뒤집어 두 장씩 박음질
7 I 마지막에 창구멍 남기기	8 I 창구멍으로 뒤집기
9 I 솜과 방울 넣기	10 I 창구멍 공그르기

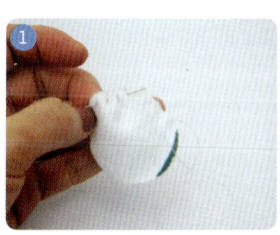   

1 I 양말 남은 부분 동그랗게 두 장 자르기

2 I 둘레 홈질 후 잡아당기기

3 I 윗면과 아랫면에 감침질	4 I 완성된 모습
5 I 측면 모습	6 I 윗 모습

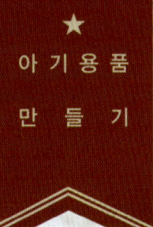

신생아를 위한 흑백 공 만들기

도안은 160p에 있어요!

흑백 공 만들기

백일 이전의 아기 장난감은 흑백으로 만들어 주세요!
부드러운 양말로 만든 소리나는 흑백 공은 아기의 오감 발달에 좋답니다!

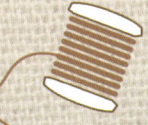

1 | 양말 자르기
2 | 필요한 부분만 남기기
3 | 양말 자르기
4 | 필요한 부분만 남기기
5 | 측면 잘라서 펴기
6 | 도안 그리기
7 | 6장 그려서 자르기
8 | 뒤집어 두 장씩 연결하기(마지막에 창구멍 남기기)
9 | 솜 넣고 창구멍 공그르기
10 | 동그랗게 양말을 잘라 둘레 홈질해서 당긴 다음
　　 윗면, 아랫면에 감침질

Tip

양말 길이에 따라 다양한 크기로 만들 수 있어요!
소리나는 방울을 솜 넣을 때 함께 넣어 수세요!

넘어져랏! 볼링 놀이 만들기

도안은 161p에 있어요!

원숭이 볼링 놀이

아이들이 좋아하는 볼링 놀이랍니다.
귀여운 양말 원숭이를 쓰러트려라!! 아이들과 즐거운 시간을 보낼 수 있답니다.

1 | 6가지 양말 준비
3 | 발끝 부분을 잘라 솜 넣기
5 | 펠트지를 둥글게 자르기
6 | 아래쪽에 글루건으로 붙이기
7 | 발꿈치 부분으로 입 만들기
8 | 얼굴 부분에 시접 넣어가며 감침질
9 | 솜 넣고 바느질

2 | 발꿈치 부분 자르기
4 | 입구 홈질 후 매듭짓기

10 | 입 수놓기

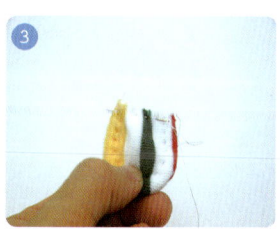

1 | 귀 박음질 후 뒤집기
3 | 아랫부분 홈질하고 당기기
4 | 얼굴 측면에 공그르기
5 | 단추 달아 눈 만들기

2 | 귀 둘레 홈질

6 | 원숭이 볼링 놀이 완성!

Tip **다양한 단추로 표정 연출하기**

단추를 다른 디자인으로 따로 달아 주거나 표정을 다양하게
수놓아 보세요. 다양한 원숭이를 만날 수 있답니다 ^^

밤새도록 지켜줄게!

도안은 162p에 있어요!

부엉이 방문 리스

행운의 상징인 부엉이 캐릭터를 양말로 만들어 문패로 활용해 보았답니다.
귀여운 부엉이가 방 주인을 밤새 자지 않고 지켜 줄 거예요 ^^

1 | 갈색 긴 발목 양말에 나뭇가지 도안 그리기
2 | 박음질 후 자르기 3 | 뒤집고 겸자로 솜 넣기
4 | 끝부분 시접 넣고 감침질 5 | 펠트지로 나뭇잎 만들기
6 | 나뭇가지에 글루건으로 붙이기
7 | 부엉이 만들 양말 준비 8 | 발꿈치 위쪽 자르기
9 | 앞면으로 양말을 펴고 부엉이 크기만큼 곡선으로 자르기

10 | 박음질 후 뒤집기
11 | 솜 놓기
12 | 발꿈치 가운데 부분 잡아당겨 바느질 고정
13 | 남은 부분 시접 넣어 가며 감침질
14 | 발끝 부분 날개 모양으로 자르기
15 | 박음질
16 | 창구멍으로 뒤집고 부엉이 측면에 글루건으로 붙이기
17 | 날개를 전체적으로 글루건으로 붙이기
18 | 나뭇가지에 글루건으로 부엉이 붙이기
19 | 마끈으로 나무 조각 판을 달아주면 완성!

Tip 부엉이 눈 만들기

부엉이 눈은 펠트지와 검은색 반구를 붙여 만들거나
흰색 단추로 만들 수 있어요!

잠시 주차중 입니다.

Sorry

도안은 163p에 있어요!

토끼 잠시 주차중

잠시 주차를 할 때는 연락처를 남겨야겠지요!
차는 제가 지키고 있을게요~ 다녀오세요 ^^

1 | 주황색 양말에 당근 도안 그리기
2 | 박음질 후 자르고 발끝에 창구멍 자르기
3 | 뒤집어 솜 넣기
4 | 예쁘게 모양 잡기
5 | 초록색 양말에 당근 잎을그려 바느질하고 뒤집어 솜 넣기
6 | 당근 창구멍에 끼워 넣고 공그르기
7 | 수놓기

Tip 기화성 펜으로 그리기

글자를 수놓을 때는 기화성 펜으로 먼저 글자를 쓰고 박음질로
수를 놓아 주세요!

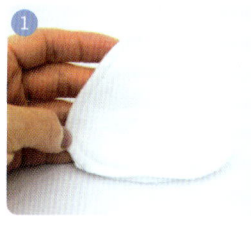
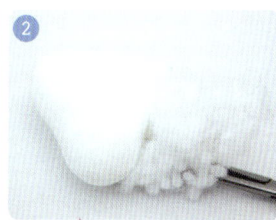

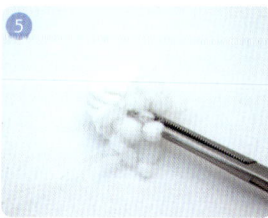

1 | 토끼 얼굴 박음질
2 | 뒤집어 밑면 창구멍으로 솜 넣기
3 | 펠트지로 코 만들어 감침질하고 입 한 줄로 바느질
4 | 원형으로 양말 자르기
5 | 솜 넣고 잡아당겨 매듭짓기
6 | 가운데 부분 한 번 감아 매듭짓고 구슬 눈 달기
7 | 토끼 얼굴에 공그르기, 색연필로 볼터치

Tip 입체적인 눈 만들기

입체적인 눈을 만들 때는 원형으로 양말을 잘라 솜을 넣고
표현할 수 있어요!

1 | 토끼 귀 박음질하고 뒤집기
2 | 홈질로 스티치
3 | 토끼 머리에 공그르기
4 | 토끼 얼굴과 당근을 글루건으로 붙이기
5 | 토끼 손을 만들어 글루건으로 붙이기
6 | 마끈을 매듭지어 뒤쪽에 바느질
7 | 토끼 잠시 주차중 완성!

꽃액자에 추억을 담아요.

도안은 164p에 있어요!

꽃 액자

예쁜 꽃 같은 미소를 담은 사진을 꽂아 보세요!
사랑스러운 액자에 추억이 가득 담길 거예요~

69

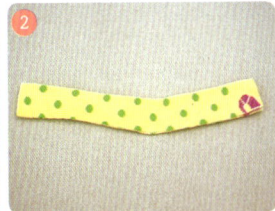

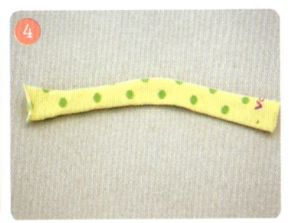

1 | 양말 2.5cm 폭으로 길게 자르기

2 | 끝부분 잘라내기

3 | 반으로 접어 양 끝 2cm 남기고 박음질

4 | 뒤집기   5 | 반으로 접어 양 끝을 겹쳐 박음질

6 | 펴서 창구멍으로 솜 넣기

7 | 창구멍 감침질   8 | 도너츠 모양 완성

9 | 발끝 양말 남은 부분 펴서 뒤로 접기

10 | 양쪽 바느질해서 뒤집기

11 | PP알갱이 넣기   12 | 철사를 나선형으로 감기

13 | 양말 주머니에 끼우고 홈질 후 당겨 매듭짓기

14 | 펠트지 둥글게 자르기   15 | 화분에 넣고 펠트지로 감추기

16 | 펠트지로 꽃 모양, 원형, 잎 만들기

17 | 꽃 모양 펠트지를 글루건으로 붙이기
　　 도너츠모양 양말은 아래 부분 반쪽만 글루건으로 붙이고
　　 나뭇잎마저 붙이면 완성

cd 리폼으로 시계 만들기

도안은 165p에 있어요!

원숭이 시계

폐 CD를 재활용해서 만든 시계와 귀여운 원숭이 인형의
귀여운 모습은 시계를 볼 때마다 기분 좋게 해 준답니다 ^^

1 | 폐 CD 준비
2 | 펠트지 사과 모양으로 2장 자르고 가운데 구멍 뚫기
3 | 시계 부속 준비
4 | 펠트지 사이에 CD 넣고 글루건으로 붙이기
5 | 뒤쪽에 건전지 넣는 부속 끼우기
6 | 앞쪽에 시계 바늘 부속 끼우기

Tip

사과 잎은 펠트지를 잘라 글루건으로 붙여 주세요!

1 | 원숭이 몸과 다리를 박음질하고 뒤집기

2 | 다리 사이 창구멍으로 솜 넣기

3 | 창구멍 공그르기

4 | 발꿈치 부분 잘라 얼굴 입 부분에 시접 넣어 가며 감침질

5 | 솜 넣고 마무리 감침질

6 | 단추 눈 달고 목 부분 홈질해서 잡아당기기

7 | 귀 바느질해서 얼굴에 공그르기

Tip

입과 귀 만드는 법은 원숭이 볼링 공 만들기를 참고하세요!

1 | 팔과 꼬리 박음질하고 뒤집기

2 | 솜 넣고 입구 부분 홈질 후 당겨 매듭짓기

3 | 꼬리는 엉덩이에 공그르기

4 | 팔을 몸 양쪽에 동시에 긴 바늘로 바느질

5 | 사과 모양 시계에 원숭이 손을 바느질

6 | 원숭이 시계 완성!

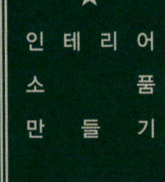

중요한 메모는 여기에

도안은 167p에 있어요!

코르크 메모 보드

액자에 접착 코르크 보드를 부착해서 메모 보드로 리폼할 수 있답니다.
쓰지 않는 액자를 재활용해 보세요!!

74

1 | 'MEMO' 글자를 만들 4개의 디자인 양말을 준비하고 글자 그리기

2 | 'M' 박음질 후 자르기

3 | 창구멍 내기

4 | 창구멍으로 뒤집고 솜 넣기

5 | 'E' 글자 그리기

6 | 박음질, 뒤집기, 솜넣기

7 | 'M'글자 만들기

8 | 'O'글자 만들기(가운데 단추 달기)

9 | 펠트지에 글자 글루건으로 붙이기

10 | 메모 보드에 글루건으로 붙이기

Tip

여러 가지 문구나 개성있는 글자로 만들어 보세요!

1 | 예쁜 나무 단추 준비

2 | 뒤쪽에 압정을 글루건으로 붙이기

3 | 메모판의 메모지 고정할 때 사용하기

사계절 파릇파릇 선인장

도안은 168p에 있어요!

선인장 화분

선인장을 꼭 닮았지만 물은 절대 주지 마세요!
화분 기르기를 두려워하는 사람도 오케이~ 언제나 파릇파릇 당신 곁에 있을 거예요~
토분에 담긴 선인장이 더욱 친근하게 느껴집니다!

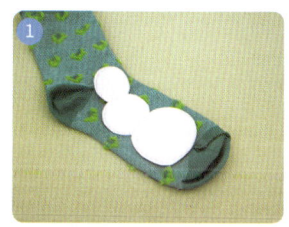

1 | 양말에 도안 그리기
2 | 완성선을 따라 박음질   3 | 솜 넣기
4 | 밑면 홈질 후 당기고 8분할 위치를 실로
   한 번 감싸 위에서 아래로 반복 바느질
5 | 펠트지 핑킹가위로 자르기
6 | 직선 부분 홈질   7 | 당겨서 주름 만들기
8 | 말아서 꽃처럼 만들고 바느질로 고정
9 | 글루건으로 선인장에 붙이기   10 | 토분에 넣어 주기

1 | 양말에 도안 그리기
2 | 박음질하고 자르기   3 | 솜 넣고 창구멍 감침질
4 | 등분 지점 홈질해서 살짝 당겨주기
5 | 펠트지를 둥글게 잘라 아랫면에 바느질
6 | 양말에 PP알갱이 넣고 바느질 후 토분에 넣기
7 | 선인장 토분에 끼우기

Tip

PP알갱이는 주머니를 만들어 넣어 주면 잘 쓰러지지 않아요

1 | 도안대로 양말 자르기
2 | 2등분해서 박음질
3 | 두 장을 겹쳐서 가운데 부분 길게 박음질
4 | 네 군데 구멍으로 솜 넣기
5 | 아랫부분 홈질해서 당겨 매듭짓기
6 | 실을 한 땀 떠서 묶어주기(가시)
7 | 꽃 만들어 붙이고 토분에 넣기

OPen

문 열었어요! 문 닫았어요!

도안은 169p에 있어요!

오픈 클로즈 구름 문패

OPen
Close

예쁜 구름모양으로 만든 오픈 클로즈 문패
문을 열고 닫을 때마다 포근한 느낌이 좋은 일이 생길 것같은 행복함을
줄 거예요!

79

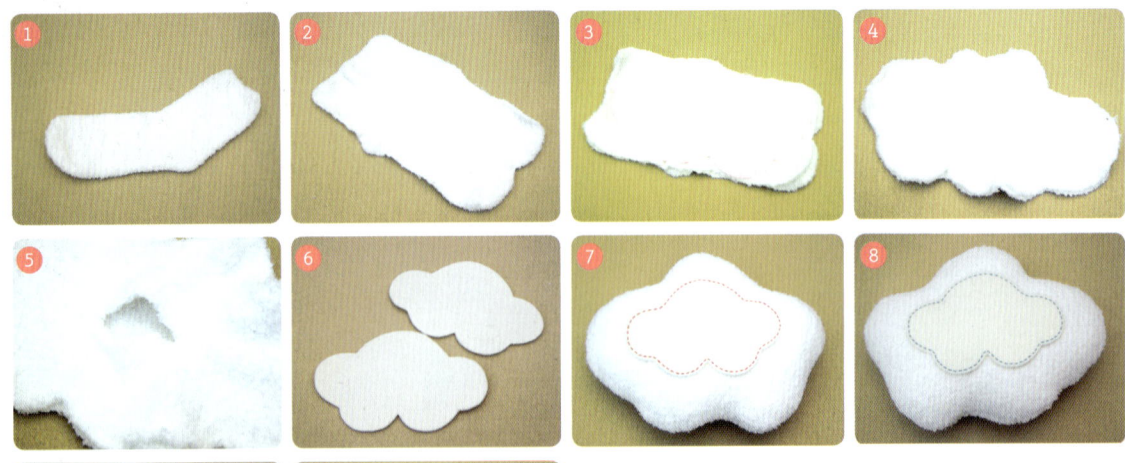

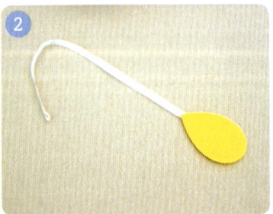

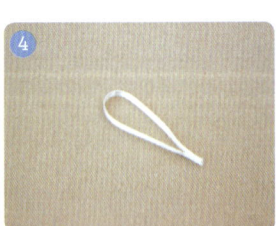

1| 흰색 수면 양말 한 켤레 준비
2| 발바닥 부분을 잘라서 펴기
3| 겉면끼리 맞대어 겹치고 구름 도안 그리기
4| 박음질하고 자르기   5| 창구멍으로 뒤집고 솜 넣기
6| 펠트지로 작은 구름 모양 두 장 자르기
7~8| 홈질로 스티치하고 앞뒤로 글루건으로 붙이기
9| 펠트지로 Close 잘라서 글루건으로 붙이기
10| Open 붙이기

Tip 면 접착심지 이용하기

수면 양말을 이용할 때 털이 많이 빠진다면
면 접착심지를 부착하고 만드세요! 조금 작게 만들어질 수 있어요~

1| 리본 끈 끝을 펠트지 물방울 두 장 사이에 넣고 글루건으로
  붙이기
2| 물방울 붙인 모습
3| 3개의 리본 끈에 4개 정도의 물방울 붙이기
4| 리본 끈 매듭지어 고리 만들기
5| 위쪽에 고리 바느질하기, 클로즈 구름 문패 완성!
6| 오픈 구름 문패 완성!

행운을 드립니다!

도안은 171p에 있어요!

마네키네코

일본 전통의 행운 아이템인 복을 주는 고양이 마네키네코는
손님을 부르고 복을 가져다 준다고 합니다. 그래서 특히 가게에 두면 좋다고 하네요!

81

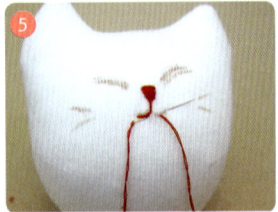 

1 | 흰색 양말로 고양이 귀 모양으로 잘라 박음질

2 | 뒤집어 솜 넣기

3 | 아랫부분 홈질　　　　4 | 시접 집어 넣고 당겨서 매듭짓기

5 | 코(새턴스티치)　　　 6 | 입, 눈, 수염(박음질)

7 | 양말 발꿈치 바로 아래 부분에 다리 박음질

8 | 위쪽에 손 박음질　　 9 | 뒤집기

10 | 솜 넣고 창구멍 감침질

Tip

몸과 다리가 연결된 인형을 만들 때 창구멍은
다리 사이에 만들어요!

1 | 얼굴과 몸 공그르기

2 | 왼쪽 팔은 몸에 공그르기 오른쪽 팔은 얼굴에 공그르기

3 | 가죽끈으로 방울 달고 리본 묶기

4 | 나무 조각 준비

5 | 쓰러지지 않게 아랫부분에 글루건으로 붙이기

6 | 펠트지로 복주머니 만들어 붙이기

Tip

마네키네코는 어느 손을 들고 있는지, 색깔에 따라 의미가 조금씩
다르다고 합니다. 상황에 맞는 모습으로 만들어 보세요!

행운의 아이템

도안은 172p에 있어요!

마트로시카

러시아 전통 인형인 마트로시카는 여러 가지 크기가 겹쳐지는 형태의 상자 구조 형태로 되어 있지요.많은 공예품이 나와 있고 선물용으로 인기 만점! 양말 인형으로 만들어 보세요!

83

1 | 흰색 양말 발끝 부분 자르기

2 | 솜 넣기

3 | 아랫부분 홈질 후 당겨 매듭짓기

4 | 펠트지로 머리 모양 잘라 얼굴에 감침질

5 | 머리 감침질한 모습

6 | 구슬 눈을 달고 색연필로 볼터치

7 | 노란 양말 발꿈치 바로 아래 부분 잘라 박음질

8 | 솜 넣기

Tip

발꿈치 바로 아랫부분을 잘라서 솜을 넣으면 아랫부분이
넓게 만들어져 균형있게 서 있는 인형을 만들 수 있어요!

1 | 얼굴과 몸 공그르기로 연결

2 | 망토 만들 양말 발꿈치 위쪽 자르기

3 | 발등 부분과 발끝 부분까지 잘라 인형 머리에 씌우고 시접
　　넣어 가며 감침질

4 | 측면과 뒷부분 모두 감침질

5 | 바느질한 모습

6 | 펠트지 리본 모양으로 잘라 단추로 달기

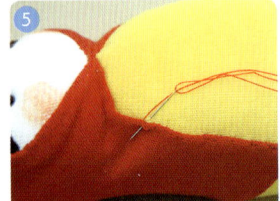

행운을 드립니다!

도안은 173p에 있어요!

달라호스 열쇠고리

2014년 말의 해! 달라호스로 행운의 기운을 가득 받아 보는 건 어떠세여?
선물용으로도 좋답니다! 복 많이 받으세요 ^^

1 | 되도록 발목이 긴 양말 준비
2 | 양말 발바닥부터 발목까지 잘라주기
3 | 반으로 접어 달라호스 도안 그리기
4 | 배 쪽에 창구멍을 남기고 박음질
5 | 뒤집어 모양 잡기
6 | 창구멍으로 솜 넣기
7 | 창구멍 공그르기
8 | 열쇠고리와 악어캡 고리 준비
9 | 등 쪽에 악어캡 고리 고정하기
10 | 열쇠고리 끼우기

Tip 솜 넣기

솜을 넣을 때는 겸자를 이용하면 편리하고 또한 좁은 부분도
예쁘게 솜을 넣을 수 있어요!

다이어트 하세요!

도안은 174p에 있어요!

맛있는 간식 핸드폰 고리

다이어트를 위해 간식은 참아야지요!
대신 휴대폰에 대롱대롱 매달린 귀여운 간식 친구들을 만나보세요!
다이어트 상담 해드립니다~^^ 우리 날씬해 지자구요~

맛있는 계란 후라이

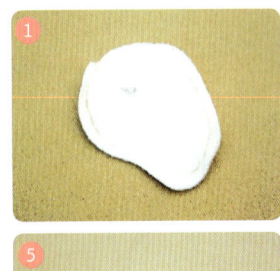   

1 | 흰색 양말을 잘라 박음질하고 창구멍 자르기
2 | 창구멍으로 뒤집기
3 | 노란색 양말 원형으로 잘라 박음질 후 창구멍 자르기
4 | 뒤집어 노른자 솜 넣고 창구멍 감침질
5 | 흰자 솜 넣고 창구멍 감침질
6 | 노른자 표정 수놓고 구슬 눈 달기
7 | 흰자위에 노른자 올리고 뒤쪽까지 통과하며 감침질
8 | 완성
9 | 가죽끈 매듭지어 펠트지와 함께 붙이기
10 | 핸드폰 줄 달기

사탕 만들기

1 | 1.5cm 폭으로 양말을 길게 자르기
2 | 박음질 후 뒤집기
3 | 돌돌 말아주고 끝부분 감침질
4 | 자른 아이스크림 막대와 매듭지은 가죽끈 글루건으로 붙이기
5 | 펠트지 둥글게 잘라 붙이기
6 | 앞모습
7 | 리본 만들어 글루건으로 붙이고 핸드폰 고리 달기

삼각 김밥 만들기

1 | 흰색 양말 삼각 김밥 모양으로 잘라 박음질
2 | 창구멍으로 뒤집기
3 | 솜 넣고 창구멍 감침질
4 | 표정 수놓기
5 | 검은색 펠트지 길게 잘라 글루건으로 붙이기
6 | 매듭진 가죽끈과 펠트지 붙이기
7 | 핸드폰 고리 달기

아이스크림 만들기

1 | 콘 모양으로 양말 잘라 박음질
2 | 뒤집어 솜 넣기　　　　　3 | 핑크색 양말 발끝 부분 자르기
4 | 솜 넣고 둥글게 홈질 후 당겨서 매듭짓기
5 | 남은 부분 자르기
6 | 막대 비즈와 씨드 비즈로 꾸미기
7 | 콘 부분과 공그르기로 연결
8 | 토션 레이스 바느질　 9 | 핸드폰 고리 달기

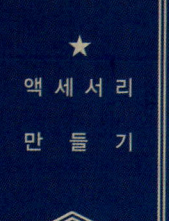

소녀감성 가득한 널언

도안은 175p에 있어요!

리본 헤어 곱창

원단으로 만드는 헤어 곱창은 부드러운 느낌을 주기 때문에
여성스러운 스타일링을 할 때 많이 사용하는 헤어 액세서리죠.
손쉽게 구할 수 있는 다양한 디자인의 양말로 간단하게 만들어 보세요!

곱창 만들기

1 | 발목이 긴 양말을 자르기
2 | 사각형으로 잘라진 양말을 박음질로 연결
3 | 길게 하나로 연결   4 | 양 끝 2cm 남기고 박음질
5 | 뒤집고 양 끝에 남긴 부분 맞대고 박음질
6 | 펼치면 창구멍이 생긴다   7 | 창구멍으로 고무줄 넣기
8 | 적당히 주름이 잡히도록 고무줄 당겨 묶기
9 | 창구멍 공그르기   10 | 곱창 완성

리본 만들기

1 | 리본을 만들 목이 긴 양말 자르기
2 | 리본 도안 그리기
3 | 창구멍 남기고 박음질 후 뒤집기
4 | 창구멍 공그르기   5 | 곱창에 묶어주기
6 | 리본 곱창 완성!

양말의 무한 변신!

도안은 176p에 있어요!

리본 머리띠

양말을 이용해서 만든 머리띠는 디자인도 예쁘지만 착용감이 좋답니다.
특히 아이들에게 다양한 디자인의 머리띠를 저렴한 가격으로
많이 만들어 줄 수 있어 경제적이랍니다.

93

1 | 목이 긴 양말을 세로로 길게 머리띠 폭과 시접을 더한 넓이로 자르기

2 | 박음질하고 뒤집기. **3 |** 머리띠 반제에 끼우기

4 | 양끝 시접 넣기 **5 |** 공그르기

6 | 머리띠 부분 완성 **7 |** 리본을 만들기 위해 남은 양말 자르기

8 | 양끝을 곡선 형태로 홈질하기

9 | 잡아당겨 매듭짓기 **10 |** 공그르기로 연결

Tip

발목이 긴 남성용 양말을 이용하면 넉넉한 크기로 만들 수 있어요!

1 | 발목 부분 밴드 자르기

2 | 두세 번 접어주기

3 | 리본 가운데 부분을 한 번 감싸 감침질하고
　　　머리띠에 글루건으로 붙이기

Tip

양말 인형을 만들고 남은 조각들은 따로 모아 놓고
포인트로 활용하면 좋답니다!

내 마음에 꽃이 피었습니다

도안은 177p에 있어요!

장미꽃 브로치

다양한 디자인의 양말로 예쁜 꽃을 만들어 브로치로 활용해 보세요!
포인트 액세서리로도 손색이 없답니다 ^^

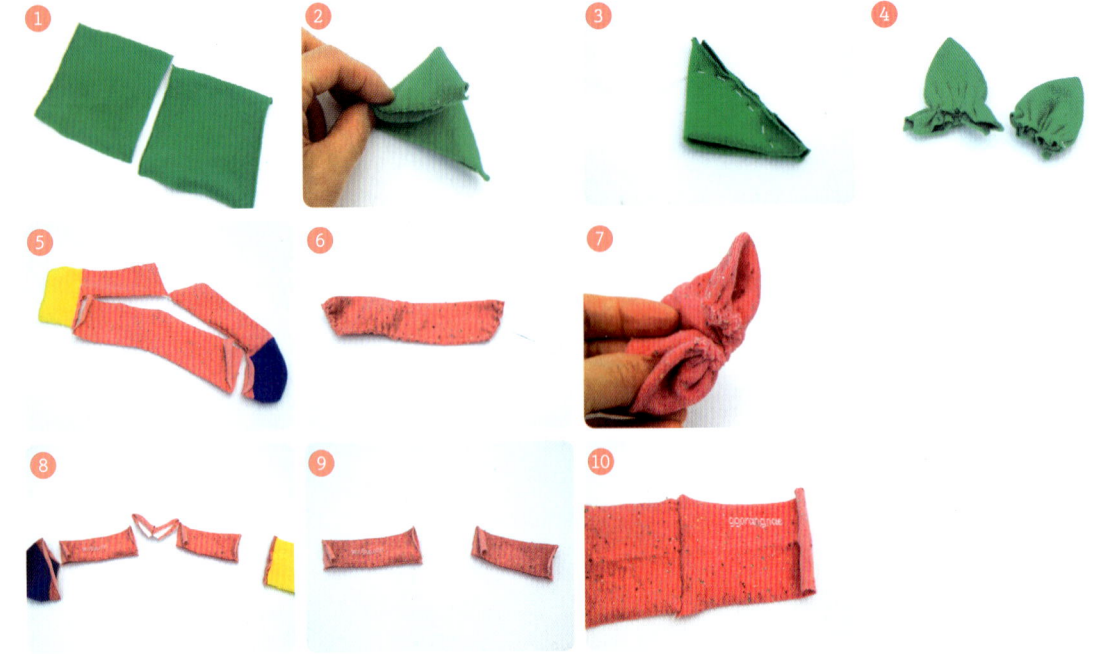

1 | 녹색 양말을 정사각형으로 두 장 자르기
2 | 대각선으로 접고 반으로 접기
3 | 곡선으로 홈질   4 | 잡아당겨 매듭짓고 다듬기
5 | 장미꽃을 만들 목이 긴 양말 자르기
6 | 양끝을 곡선으로 자르고 홈질
7 | 잡아당겨 매듭짓기   8 | 양말 남은 부분 자르기
9~10 | 사각형 부분 두 장 홈질해서 연결 후 6~7번과 같은 방법으로 바느질

Tip 장미꽃 예쁘게 만들기

발목이 긴 양말일수록 풍성한 장미가 만들어진답니다!

꽃과 잎사귀 연결하기

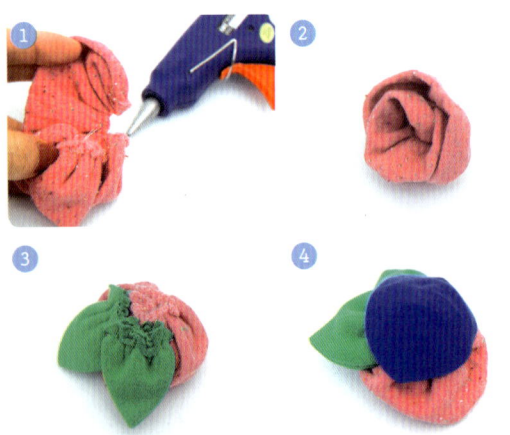

1 | 주름을 잡아 놓은 꽃을 말아서 글루건으로 붙이기
2 | 꽃 두 개를 차례로 말아서 붙이기
3 | 꽃 잎사귀 2개를 아래쪽에 붙이기
4 | 양말 남은 부분으로 동그랗게 잘라 시접을 넣고 감침질
5 | 핀을 글루건으로 붙이기   6 | 장미꽃 브로치 완성!

깜찍한 리본 포인트 머리끈 만들기

도안은 178p에 있어요!

리본 머리 끈, 핀

양말을 이용한 머리 끈! 아무도 모르겠지요? ^^
양말의 다양하고 예쁜 디자인은 헤어 액세서리를 만들기에 좋은 재료인 것 같아요~

리본 만들기

1 | 양말 측면 펼치기   2 | 양말 자르기
3 | 필요한 부분 남기기   4 | 도안 그리기
5 | 완성선을 따라 박음질하고 자르기
6 | 창구멍으로 뒤집기   7 | 솜 넣기
8 | 창구멍 감침질   9 | 가운데 부분 홈질
10 | 잡아당겨 매듭짓기

리본 끈과 리본 핀 완성하기

1 | 발목 부분 자르기
2 | 세 번 접어 가운데 부분 감싸고 뒤에서 감침질
3 | 예쁘게 모양 잡기
4 | 글루건으로 머리 끈 붙이기
5 | 자동핀 붙이기

Tip

리본 크기를 다양하게 만들 수 있고
어린이용은 똑딱 핀이나 집게 핀을 붙여 주면 좋아요!

상큼한 나를 기억해줘~

도안은 179p에 있어요!

과일 메모 집게

단색 양말을 이용하면 더욱 자유롭게 양말 인형을 만들 수 있어요
잊어버리기 쉬운 것들을 잘 메모해서 메모판이나 냉장고에 붙여 주세요.
귀엽고 상큼한 과일 양말 인형을 쳐다보지 않을 수 있겠어요? ^^

당근 만들기

1 | 주황색 양말과 녹색 양말을 당근 모양으로 잘라 박음질
2 | 뒤집어 주고 당근 부분에 솜 넣기
3 | 당근 잎을 당근 입구 부분에 끼워 넣고 공그르기
4 | 수를 놓고 구슬 눈 달기

딸기 만들기

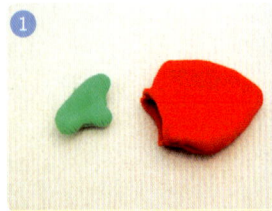 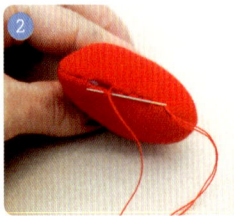  

1 | 딸기 모양으로 양말을 잘라 박음질하고 뒤집어 솜 넣기
2 | 창구멍 공그르기로 바느질
3 | 잎을 딸기 윗쪽에 공그르기로 바느질
4 | 수를 놓고 눈을 달고 나무집게에 글루건으로 붙이기

파인애플 만들기

1 | 파인애플 모양으로 양말을 잘라 박음질
2 | 뒤집어 솜 넣기
3 | 수놓기와 구슬 눈 달기
4 | 잎 공그르기로 바느질

바나나 만들기

1 | 바나나 모양으로 양말을 잘라 박음질
2 | 창구멍으로 뒤집고 솜 넣기
3 | 수놓기, 구슬 눈 달기

Tip   구슬 눈 달기

구슬 눈을 달 때 실을 조금 당겨 주면 살짝 들어간
느낌으로 더욱 예쁘게 표현이 된답니다.

포도 만들기

1 | 보라색 양말 잘라서 준비
2 | 솜을 조금 넣기
3 | 포도알 크기만큼 동그랗게 홈질
4 | 잡아당기고 솜 밀어 넣기
5 | 바로 옆으로 같은 방법으로 홈질 후 당겨 솜 넣기
6 | 옆으로 이동하며 같은 방법으로 포도송이 만들기
7 | 남은 뒷부분 양말 잘라내기
8 | 둘레를 홈질 후 당겨 매듭짓기
9 | 포도 가지와 나뭇잎 바느질
10 | 포도에 감침질로 달아 주기

Tip   메모 집게 만들기

나무집게에 과일 양말 인형을 글루건으로 붙여 주세요.
자석도 함께 붙여 주면 더욱 활용도가 높아요!

피로야 가라~

도안은 180p에 있어요!

편안한 목 쿠션

운전할 때, 의자에서 잠시 쉴 때 필수품이 된 목 쿠션을 수면 양말로
만들어보세요! 포근하고 편안한 느낌이 피로감을 풀어 준답니다.

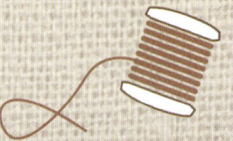

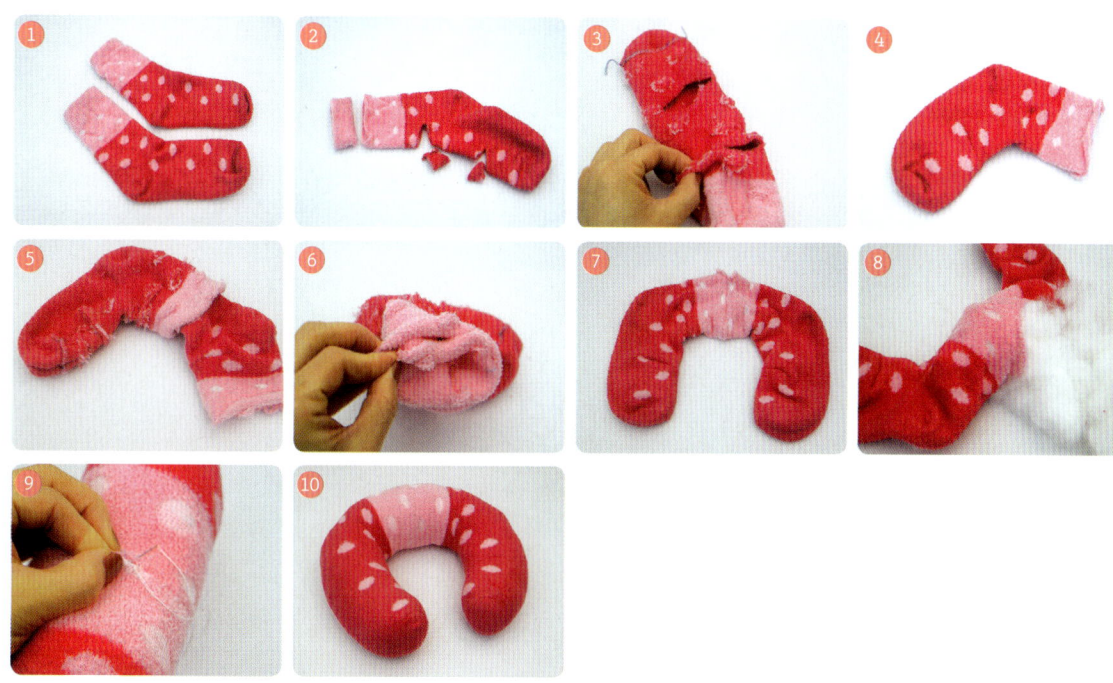

1 | 수면 양말 준비
2 | V자로 안쪽 두 군데 잘라주기
3 | 뒤집어 박음질
4 | 두 짝 만들기
5 | 한 짝을 뒤집어 뒤집지 않은 양말에 넣기
6 | 창구멍을 남기고 두 장을 박음질
7 | 창구멍으로 뒤집기
8 | 솜 넣기
9 | 창구멍 감침질
10 | 편안한 목 쿠션 완성!

난 네 손목이 좋아~

도안은 181p에 있어요!

개구리 손목 쿠션

마우스를 오래 사용하다 보면 손목에 무리가 올 수 있어요!
이제 귀여운 개구리 손목 쿠션으로 소중한 손목을 지켜 주세요.^^

104

1 I 양말 준비

2 I 녹색 양말을 발바닥부터 발목 끝까지 자르기

3 I 두 장을 잘라 겉면끼리 겹치기

4 I 개구리 몸통 도안 그리기 5 I 잘라서 박음질 후 뒤집기

6 I 솜 넣기 7 I 창구멍 감침질

8 I 단추로 눈 달기 9 I 입 박음질로 수놓기

10 I 색연필로 볼터치

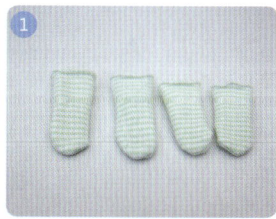  

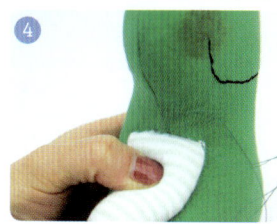  

1 I 팔과 다리 바느질 후 뒤집기 2 I 솜 넣기

3 I 입구 부분 일자형태로 시접 넣고 감침질 4 I 몸통에 공그르기로 바느질

5 I 팔과 다리 모두 바느질 6 I 스카프로 꾸민 후 팔을 위로 올려 얼굴에 바느질

부츠를 부탁해!

도안은 182p에 있어요!

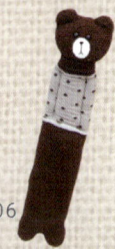

곰군 부츠 키퍼

긴 부츠를 보관할 때 자꾸만 쓰러지거나 접혀서 신발 모양이 변형이 될 수 있어요.
부츠 키퍼를 이용하면 방지할 수 있고 인형을 만들 때 방향제를 함께 넣어주면
향기까지 좋답니다.

곰 인형 만들기

1 | 반장 수면 양말 준비
2 | 발끝 부분 자른 후 곰 귀모양으로 잘라 박음질
3 | 솜 넣고 홈질 후 잡아당겨 매듭짓기
4 | 귀 부분 경계 홈질
5 | 펠트지에 코는 새틴스트치 입은 수 놓기
6 | 곰 얼굴에 감침질하고 구슬 눈 달기
7 | 남은 양말 부분으로 몸통과 다리 만들기
8 | 발꿈치 아래 부분에 다리 만들고 솜 넣기
9 | 얼굴과 몸통 공그르기로 연결
10 | 모양 잡기

Tip

수면 양말은 털이 많이 빠지기 때문에 가위로
자르고 바로 작업을 해야 합니다.

곰 인형 옷 입히기

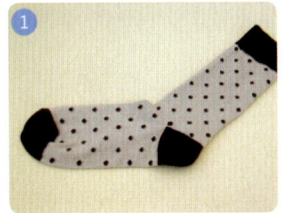

1 | 옷을 만들 발목이 긴 양말 선택
2 | 윗 부분 자르기
3 | 곰 인형에 입혀주기
4 | 양 옆에서 2cm 정도 들어가 홈질해서 팔 표현 하기

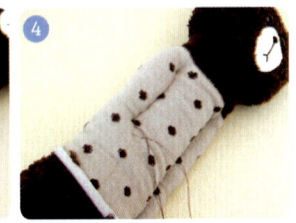

Tip   팔 만들기

팔을 따로 만들지 않을 때는 몸에 홈질을 하여
팔을 만들 수 있답니다.
주머니에 손을 넣은 모습으로 귀여운 인형이 완성됩니다.

롱부츠 보관은 나에게 맡기세요!

도안은 183p에 있어요!

토송이 부츠 키퍼

긴 부츠를 보관할 때 자꾸만 쓰러지거나 접혀서 신발 모양이 변형이 될 수 있어요.
부츠 키퍼를 이용하면 방지할 수 있고 인형을 만들 때 방향제를 함께 넣어주면
향기까지 좋답니다.

109

토끼인형 만들기

1 | 반장 수면 양말 발끝 부분에 토끼 귀를 그려 박음질
2 | 솜 넣고 홈질 후 매듭짓기
3 | 구슬 눈 달기
4 | 남은 양말 발꿈치 아래 부분에 토끼 다리 바느질
5 | 뒤집어 전체 솜 넣기
6 | 토끼 얼굴과 몸통 공그르기로 연결
7 | 토끼 인형 완성

 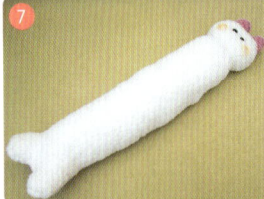

Tip 인형 눈 만들기

여러 가지 크기의 구슬, 반캡 구슬, 눈 구슬, 단추 등을 이용해서 에쁘게 만들어 보세요!

인형 옷입히기

  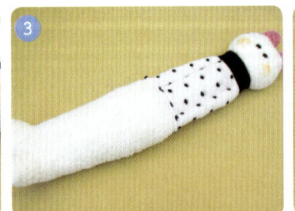 

1 | 발목이 긴 양말의 발목 부분 자르기
2 | 인형에 입혀주기
3 | 옷 입혀진 부분 양쪽 홈질해서 팔 표현
4 | 토송이 부츠 키퍼 완성!

Tip

홈질을 해서 당겨야 하는 경우에는 튼튼한 퀼트실을 두 겹으로 매듭짓고 처음 바느질 시작할 때 매듭을 통과해서 시작하세요! 실이 빠지지 않아요!

난 친절한 야옹쥐스 내 등은 너를 위한게야!

도안은 184p에 있어요!

고양이 키보드 쿠션

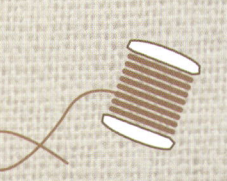

컴퓨터를 쓸 때 손목을 편안하게 해줄 수 있는 키보드 쿠션
귀여운 고양이 양말 인형과 함께라면 장시간 사용해도 문제 없겠지요?
펠트지와 검은 구슬을 사용해서 다양한 표정으로 만들어 보세요!
나만의 야옹이 친구를 말이죠 =^^=

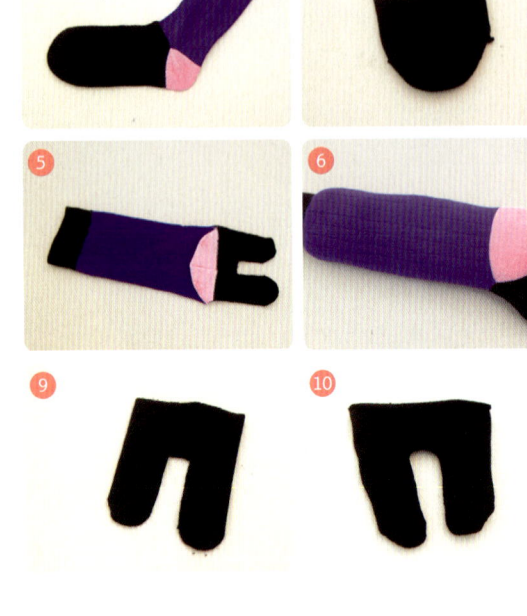

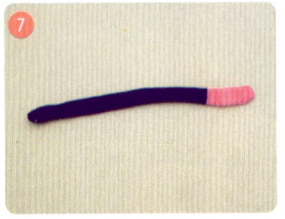

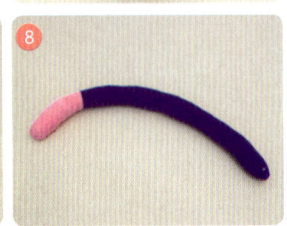

1 | 발목이 긴 양말 준비
2 | 양말을 뒤집어 발끝 부분을 얼굴 모양으로 자르기
3 | 귀 부분을 박음질 후 창구멍 내고 뒤집어 솜을 넣은 후
　　 창구멍 감침질
4 | 펠트지와 검은 구슬로 눈을 만들고 입 수놓기
5 | 양말 남은 부분에 다리 모양으로 잘라 박음질
6 | 뒤집어 솜을 넣어 몸통과 다리 완성
7 | 다른 양말로 꼬리 모양으로 잘라 박음질
8 | 뒤집어 솜을 고르게 넣어 준다.
9 | 발끝 부분을 이용해 팔 모양으로 잘라 박음질
10 | 뒤집어 솜을 넣기

Tip

배색이 여러 색으로 된 발목이 긴 양말은 활용도가 높답니다.

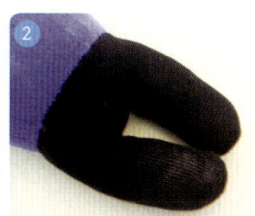

1 | 팔을 몸통과 감침질로 바느질
2 | 솜을 넣고 발끝을 모아 바느질
3 | 고양이 얼굴을 공그르기로 달기
4 | 엉덩이 부분에 공그르기로 꼬리 달기
5 | 고양이 키보드 쿠션 완성!

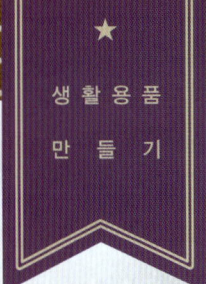

해피 바이러스 꼬꼬가족을 소개 합니다.

도안은 185p에 있어요!

꼬꼬가족 메모홀더

앙증맞은 아기 병아리들과 엄마 닭의 행복한 나들이
토분과 메모꽂이 철사를 이용해 인테리어 효과와 함께 실용성까지 겸비했어요.
바라보면 자꾸만 흐뭇한 웃음이 지어질 거예요~

114

아기 병아리 만들기

1 | 노란 양말을 타원형으로 잘라 박음질
2 | 창구멍으로 뒤집고 솜을 넣고 감침질
3 | 구슬 눈을 달아주고 펠트지로 부리 만들기
4 | 흰색 양말을 반원 모양으로 잘라 박음질
5 | 뒤집기
6 | 병아리 아래쪽에 끼워주고 감침질
7 | 노란색 수실을 손가락에 몇 번 감기
8 | 가운데 부분 묶어 주기
9 | 병아리 머리에 바느질
10 | 토분에 넣어 주기

Tip

투분이나 양철통에 양말 인형을 넣어 보세요!
더욱 네츄럴하고 깜찍하답니다.

엄마 닭 만들기

1 I 흰색 양말을 타원형으로 잘라 박음질
2 I 창구멍으로 뒤집어 솜을 넣고 감침질
3 I 펠트지로 닭의 볏과 입을 만들고, 구슬 눈 달기
4 I 날개 모양 잘라서 박음질
5 I 뒤집어 솜 넣고 날개 모양으로 바느질
6 I 날개 두 개 완성
7 I 닭 몸통에 날개 바느질
8 I 뒷면에 펠트지를 잘라 메모꽂이 철사와 함께 글루건으로 붙이기
9 I 토분을 레이스로 꾸미고 엄마 닭 넣어 주기

Tip 볼터치하기

색연필이나 패브릭 크레파스를 이용해서 예쁘게 칠해 주세요!

도안은 186p에 있어요!

아기가 타고 있어요

예쁜 우리 아기와 함께 운전할 때 안전을 위해 뒷차량에 알려주세요!
아마 배려해 주실 거예요 ^^

아기 인형 만들기

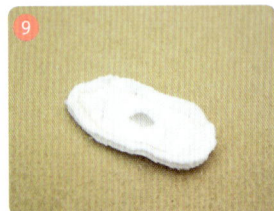 

1 | 양말 준비
2 | 양말 발바닥에서 발목까지 자르기
3 | 자른 양말 두 장을 겉면끼리 겹치기
4 | 도안대로 박음질하고 뒤집어 솜 넣기
5 | 펠트지로 얼굴과 머리 만들기
6 | 아기 얼굴을 글루건으로 붙이기
7 | 턱받이에 레이스를 붙여 아기 목에 둘러주기
8 | 젖병 도안대로 박음질 후 뒤집기
9~10 | 솜 넣고 창구멍 감침질하고 눈금 수놓기

Tip 글루건 사용하기

거의 세탁하지 않는 인테리어 소품을 만들 때는 글루건을 사용해 간단하고 빠르게 작업할 수 있어요!

완성하기

1 | 아기 인형에 젖병 글루건으로 붙이기
2 | 하트 나무틀에 펠트지 하트로 잘라 붙이기
3 | 펠트지로 Baby in Car 자르기
4 | 하트 틀에 아기 인형과 펠트 글자를 글루건으로 붙이기

Tip

나무틀 대신 여러 가지 재료를 이용해서 만들어 보세요!

내 안에 연필 있다!

도안은 188p에 있어요!

고양이 연필꽂이

양말 인형을 만들어 평범한 연필꽂이를 예쁘게 변신시켜 보세요!
데스크가 더 예뻐진답니다!

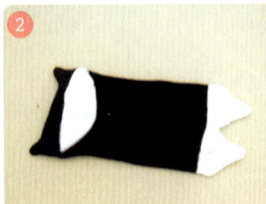

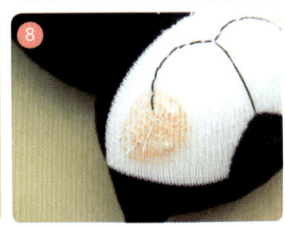

1 | 양말 뒷면 펴기
2 | 고양이 도안대로 잘라 박음질
3 | 창구멍으로 뒤집고 솜 넣기
4 | 창구멍 감침질
5 | 얼굴 경계 부분 홈질
6 | 잡아당겨 매듭짓기
7 | 펠트지로 코 잘라 감침질
8 | 표정 박음질 수놓기
9 | 구슬로 눈 달기
10 | 색연필로 볼터치

Tip 볼터치하기

색연필로 볼터치를 하기 전에 물티슈로
톡톡 두드리면 색연필이 잘 칠해 진답니다.

1 | 고양이 몸에 입혀줄 양말 자르기
2 | 입혀주기
3 | 양쪽 2cm 들어온 위치 홈질
4 | 나무박스를 펠트지로 둘러서 글루건으로 붙이기
5 | 펠트지를 둥글게 잘라 나무박스와 고양이 붙이기
6 | 단추 등으로 나무박스 꾸며서 완성하기

Tip

양말 인형 팔을 만들 때 가장 편리한 방법으로
주머니에 손을 넣은 모습을 표현할 때 양쪽 끝에서
2cm 정도 들어온 위치를 홈질을 해서 살짝 잡아당겨 주세요.
건방진 듯한 모습이 귀엽답니다.

때론 느린걸음로 다가가기

도안은 189p에 있어요!

거북이 핀 쿠션

느린 걸음으로 서로에게 다가서는 거북이 연인~
단단한 등껍질 같은 마음이 서서히 부드러워지겠지요!
대신 등껍질은 우리에게 빌려줘 ^^

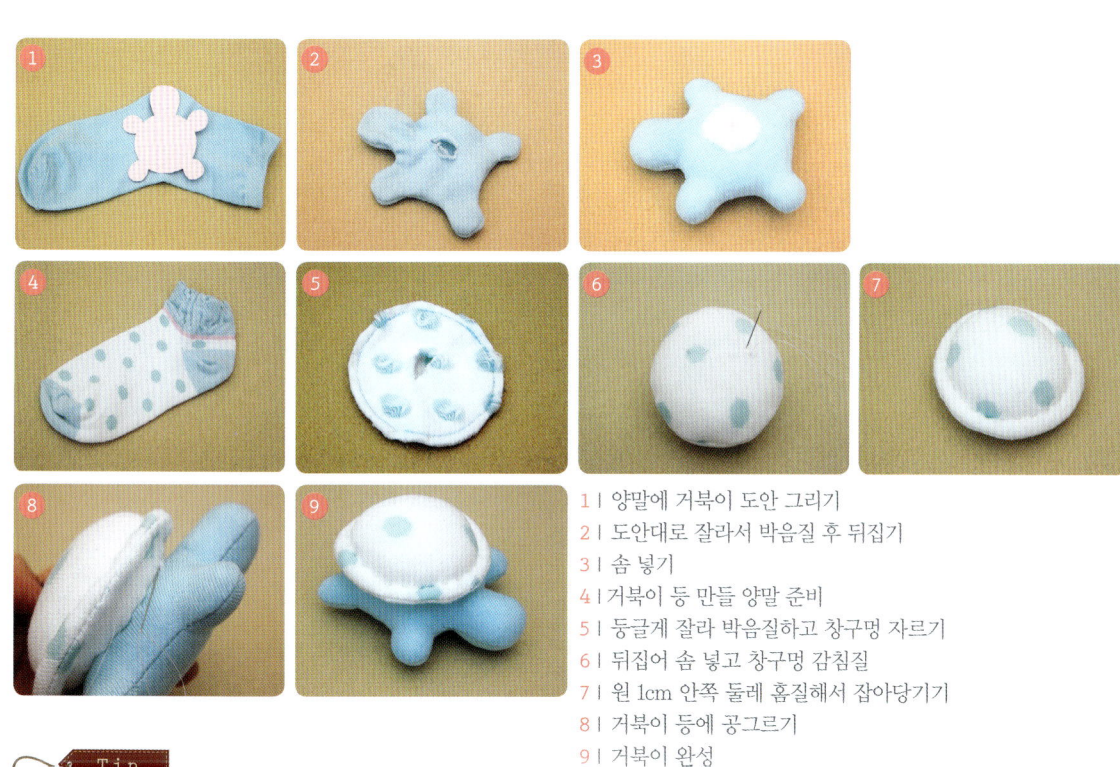

1 | 양말에 거북이 도안 그리기
2 | 도안대로 잘라서 박음질 후 뒤집기
3 | 솜 넣기
4 | 거북이 등 만들 양말 준비
5 | 둥글게 잘라 박음질하고 창구멍 자르기
6 | 뒤집어 솜 넣고 창구멍 감침질
7 | 원 1cm 안쪽 둘레 홈질해서 잡아당기기
8 | 거북이 등에 공그르기
9 | 거북이 완성

Tip

포인트로 쓰는 양말은 발목 양말을 사용하세요!

모자 만들기

1| 펠트지를 1cm 폭으로 길게 자르고 원으로 하나 자르기
2| 길게 자른 펠트지를 말아서 글루건으로 붙이기
3| 둥근 펠트지 중앙에 글루건으로 붙이기
4| 거북이 머리에 글루건으로 붙이기
5| 핑크 거북이는 꽃 모양으로 붙이기
6| 거북이 연인 완성!

핸드폰 정리를 도와주는 꿀꿀이 핸드폰 홀더

도안은 190p에 있어요!

돼지 핸드폰 홀더

꿀꿀아~ 소중한 내 휴대폰을 지켜줘!
바닥에 그냥 두지 말고 핸드폰 홀더에 넣어 주세요!
귀여운 꿀꿀이가 지켜드립니다~^^ 충전 중인 핸드폰을 제일 좋아해요!

125

1 | 두 가지 색 양말 자르기
2 | 바느질해서 연결하고 몸통 도안 그리기
3 | 박음질 후 뒤집어 솜 넣기
4 | 발가락쪽 남은 양말 사용
5 | 솜 넣고 입구 홈질 후 잡아당겨 매듭짓기
6 | 돼지 몸통과 공그르기로 연결
7 | 코 모양으로 양말 잘라서 박음질
8 | 뒤집어 솜 넣고 단추 달고 얼굴에 공그르기

  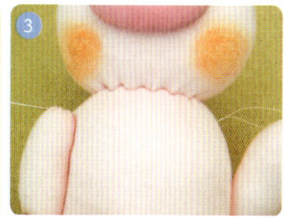
 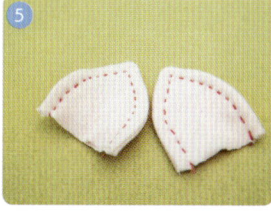 

1 | 두 가지 색 양말 연결 후 팔 도안 그려 박음질
2 | 뒤집어 솜 넣고 입구 홈질 후 당겨서 매듭짓기
3 | 돼지 몸통에 긴 바늘로 한 번에 왕복 바느질로 팔 달기
4 | 양말 목 부분을 잘라 옷 입혀주기
5 | 귀 모양으로 잘라 바느질 후 뒤집어 포인트 홈질
6 | 머리에 공그르기로 귀 바느질

  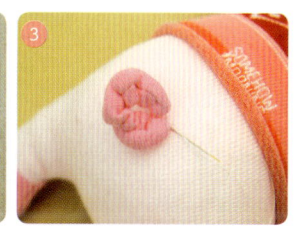

1 | 꼬리 모양으로 잘라 박음질
2 | 뒤집어 길게 홈질하고 잡아당기기
3 | 엉덩이에 공그르기
4 | 펠트지를 가로 30cm 세로 12cm로 잘라 박음질하고
   2.5cm로 구석 부분 잘라내기
5 | 밑면 박음질
6 | 뒤집고 윗부분 아래로 접어 내리기
7 | 단추를 이용해서 돼지 손과 양쪽 바느질해서 고정

Tip 펠트 바구니

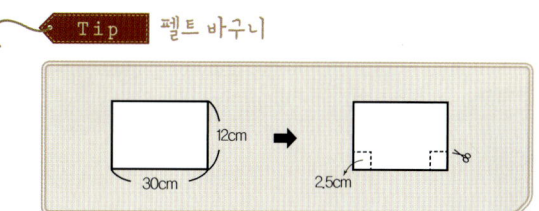

휴지는 아껴쓰세요!

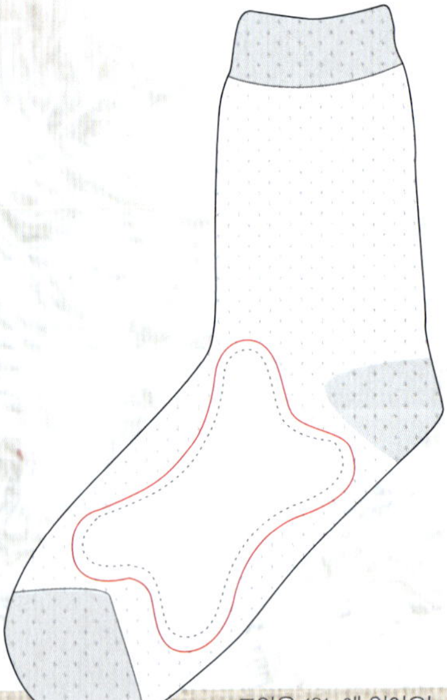

도안은 191p에 있어요!

강아지 휴지 걸이

급할 때는 저를 찾아주세요! 제가 항상 기다리고 있을 게요~
저는 뼈다귀 하나면 된답니다. 대신 휴지는 마음껏 사용하세요!

강아지 얼굴 만들기

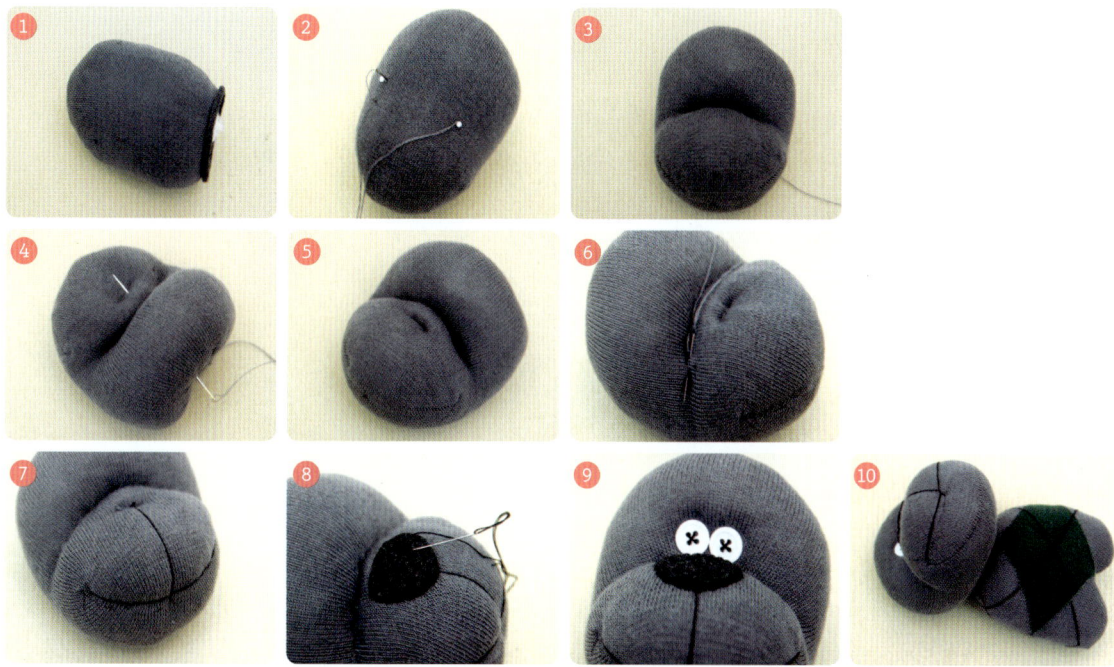

1 | 양말 발끝 부분을 잘라 솜을 넣는다.
2 | 입이 될 시작 부분을 표시
3 | 크게 홈질해서 잡아당겨 매듭짓기
4 | 코 부분 한땀 홈질
5 | 잡아당겨 매듭짓기
6 | 경계 부분 공그르기로 바느질
7 | 큰 땀 세 번으로 입 모양 바느질
8 | 펠트지로 코 모양 잘라 감침질
9 | 단추 달아 눈 만들기
10 | 몸통 바느질해서 솜 넣고 머리와 공그르기로 연결

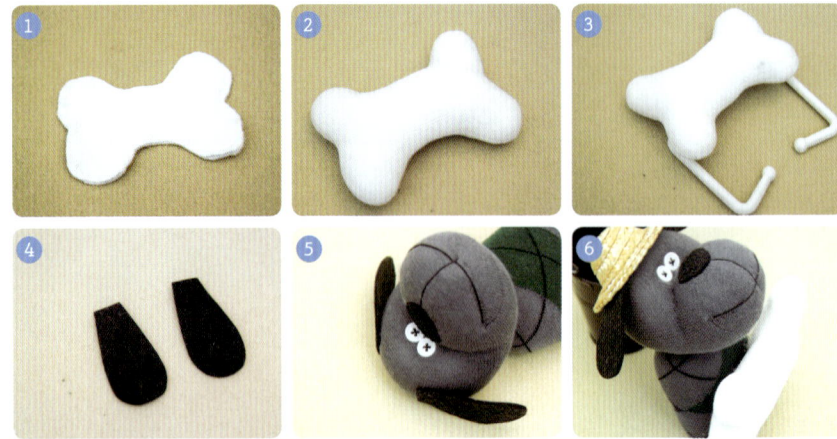

1 | 흰색 양말에 뼈다귀 도안 그려서 박음질
2 | 창구멍으로 뒤집고 솜 넣은 후 감침질
3 | 휴지걸이에 글루건으로 붙여 준다.
4 | 펠트지 귀 모양으로 자르기
5 | 강아지 머리에 바느질
6 | 밀집모자로 꾸며 주고 뼈다귀에 공그르기로 바느질

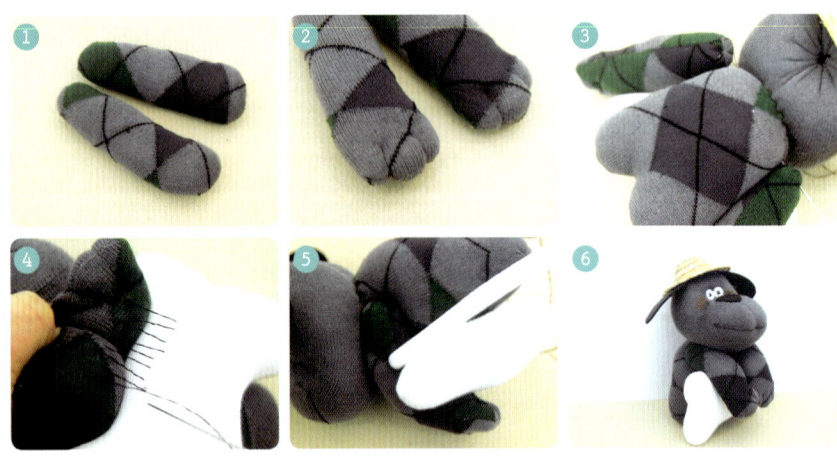

1 | 팔 도안대로 바느질하고 솜 넣기
2 | 발가락 모양으로 뒤에서 앞으로 한 번 감아 바느질
3 | 강아지 몸에 공그르기
4 | 뼈다귀를 안는 모습으로 손을 뼈다귀와 공그르기
5 | 마끈을 뼈다귀와 팔 사이에 끼워 넣고 고리 매듭지어 고리 만들기
6 | 강아지 휴지 걸이 완성!

크리스마스에 눈이 올까요?

도안은 192p에 있어요!

눈사람 인형

겨울에는 눈사람이 가장 먼저 생각나지요!
녹지 않는 눈사람을 곁에 두고 보세요! 볼 때마다 웃음 짓게 될 거요~

눈사람 만들기

1 ㅣ 양말 뒤쪽이 보이게 펴기
2 ㅣ 발꿈치 바로 아래 자르기
3 ㅣ 박음질
4 ㅣ 뒤집어 솜 넣기
5 ㅣ 남은 양말 발가락 부분
6 ㅣ 솜 넣고 홈질 후 잡아당기기
7 ㅣ 가운데 부분 홈질
8 ㅣ 잡아당겨 매듭짓기
9 ㅣ 만들어 둔 눈사람 덩이와 공그르기로 연결
10 ㅣ 눈사람 몸통 완성

Tip

눈사람 덩어리 수에 따라 여러 가지 모양의 눈사람을
만들 수 있답니다!

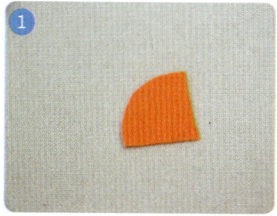

1 | 펠트지를 부채꼴 모양으로 자르기
2 | 반으로 접어 박음질
3 | 뒤집어 솜 넣고 입구 홈질 후 매듭짓기
4 | 눈사람 얼굴에 공그르기로 바느질하고 눈과 입 수놓기
5 | 발목 양말 준비
6 | 발끝 부분에 솜을 넣고 원 모양으로 홈질 후 당겨 매듭
7 | 눈사람 머리에 씌우면 완성

산타 할아버지 빨리 오세요~

도안은 193p에 있어요!

산타 인형

메리크리마스!
착한 일 많이 했나요? 그렇다면 선물 드려야지요!
착한 사람이 많아서 선물할 곳이 많았으면 좋겠네요~

1 | 양말 준비　　　　　　　　2 | 얼굴 모양으로 잘라 박음질
3 | 뒤집어 솜 넣고 창구멍 감침질
4 | 구슬 눈 달기
5 | 양말 발꿈지 바로 아래 부분 자르기
6 | 박음질 후 뒤집어 솜 넣기　　7 | 얼굴과 공그리기
8 | 흰색 양말 코 만들 크기 원으로 자르기
9 | 둘레 홈질 후 솜 넣고 당겨 매듭

1 | 빨간 양말 발끝 부분 잘라서 솜 넣고 홈질 후 당겨 매듭
2 | 흰 양말 발목 부분 잘라서 박음질
3 | 수면 양말 수염 모양으로 자르기
4 | 박음질 후 뒤집기
5 | 팔, 다리 만들기
6 | 펠트지 손과 신발 모양으로 잘라 두 장씩 바느질하고 솜 넣기
7 | 팔과 다리 끝 부분 홈질해서 당겨 매듭짓고 신발과 손을 글루건
　　으로 붙이기

1 I 모자 씌우고 코와 수염 글루건으로 붙이기

2 I 팔과 다리 몸통에 바느질

3 I 산타 인형 완성

산타 할아버지를 도와줘!

도안은 195p에 있어요!

루돌프 인형

크리스마스에 선물 배달하느라 지쳤답니다.
다리에 힘이 없어요! 조금만 쉴 게요~
그리고 크리스마스 기대하세요! 엄청난 선물 배달 갑니다!

루돌프 머리 만들기

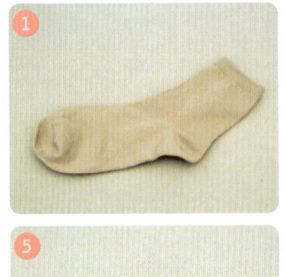   

  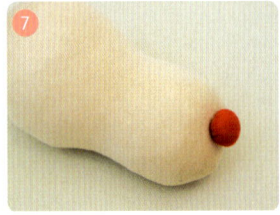

1 | 양말 준비   2 | 솜 넣기
3 | 남은 부분 잘라 내고 홈질 후 잡아당겨 매듭
4 | 모양 잡기   5 | 팰트지 동그랗게 잘라 둘레 홈질
6 | 솜 넣고 잡아당겨 매듭
7 | 코 부분에 공그르기
8 | 흰색 단추 위에 눈 반구슬 글루건으로 붙이기
9 | 루돌프 얼굴에 글루건으로 붙이기

루돌프 다리, 꼬리, 귀, 뿔 만들기

 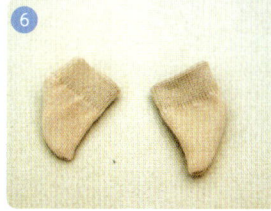 

1 | 양말 준비
2 | 솜 넣고 남은 부분 잘라 내고 홈질 후 당겨 매듭짓기
3 | 얼굴과 공그르기로 연결   4 | 다리 만들기
5 | 꼬리 만들기   6 | 귀 만들기
7 | 펠트지 뿔 모양으로 자르기

완성하기

1 | 팔다리 공그르기
2 | 꼬리 공그르기
3 | 귀 감침질
4 | 뿔 글루건으로 붙이기
5 | 루돌프 인형 완성!

내 사랑을 받아주세요~

도안은 196p에 있어요!

하트 곰 인형

사랑하는 사람에게 하트 곰으로 사랑의 마음을 전해보세요!
수면 양말로 만들어 더욱 따뜻하고 포근한 느낌
당신의 사랑이 고스란히 전해 질거예요!

140

곰 얼굴 만들기

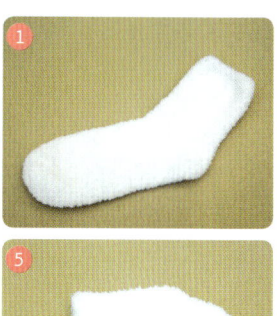   

1 | 수면 양말 준비   2 | 발꿈치 아래 부분 자르기
3 | 박음질 후 뒤집기
4 | 솜 넣기   5 | 발끈 부분 자르기
6 | 솜 넣기
8 | 귀 도안 그리기   7 | 홈질 후 당겨 매듭
9 | 박음질 후 뒤집기

얼굴 완성하기

  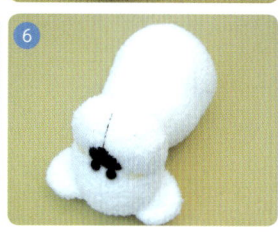 

1 | 발끝 부분 자르기
2 | 얼굴 앞 부분에 시접 넣어 가며 솜 넣고 감침질
3 | 입 부분 완성   4 | 귀 공그르기
5 | 펠트지 코 모양 감침질하고 눈 달기
6 | 입 모양 수놓기   7 | 팔 만들기

141

완성하기

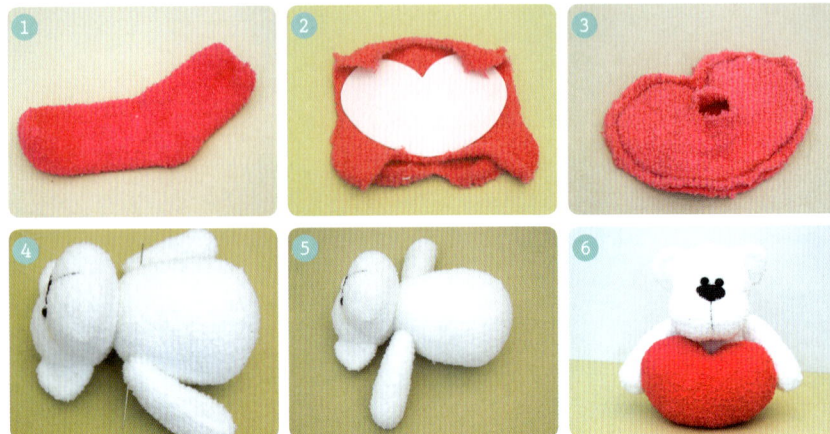

1 | 핑크색 수면 양말 준비
2 | 한쪽 측면 잘라서 반으로 잘라 겹쳐 하트 도안 그리기
3 | 박음질하고 뒤집어 솜 넣기
4 | 양쪽 팔을 한 번에 긴 바늘로 통과해서 바느질
5 | 팔 달기 완성
6 | 하트 양쪽을 팔과 바느질해서 고정하기

난 빗자루를 타는 귀여운 꼬마 마녀

도안은 198p에 있어요!

마녀 인형

새침데기, 심술쟁이 꼬마 마녀!
빗자루 타고 여기저기 날아다닐 것만 같지요!

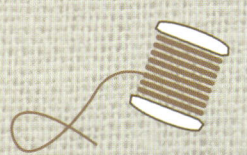

143

1 | 양말 준비
2 | 다리 모양으로 자르기
3 | 박음질 후 뒤집어 솜 넣기
4 | 펠트지로 구두 도안 그리기
5 | 두 장씩 버튼홀스티치
6 | 다리 아래쪽에 글루건으로 붙이기
7 | 머리와 몸 바느질 후 솜 넣기
8 | 몸 아래쪽에 다리 끼워 넣고 박음질

1 | 옷 만들 양말 준비
2 | 발꿈치를 중심으로 자르기
3 | 머리 들어갈 부분 자르기
4 | 옷 모양으로 잘라 박음질
5 | 손모양 박음질 후 뒤집어 솜 넣기
6 | 소매 아래쪽에 끼워 넣고 감침질
7 | 검은 양말 잘라 홈질 후 허리에서 당겨 매듭
8 | 검은 양말 목이 들어갈 부분 1cm 남기고 잘라서 망토 만들기
9 | 펠트지를 원뿔과 원형 모양으로 자르기
10 | 원 가운데 부분 파내고 고깔모양으로 만들어 끼워 넣고
    글루건으로 붙이기

1 | 틸실을 손에 다섯 번 정도 감기
2 | 가운데 부분 묶어 여러 개 만들기
3 | 머리에 글루건으로 붙이기
4 | 이음 부분 자르기
5 | 풍성하게 붙인 후 다듬기
6 | 단추로 눈을 달고 펠트지로 코 감침질하고 수놓기
7 | 망토 입히고 모자는 글루건으로 붙이기

무서워 하지마! 사탕 줄게~

도안은 200p에 있어요!

호박 인형

으스스한 호박 인형!
할로윈에 빠질 수 없는 아이템이죠~

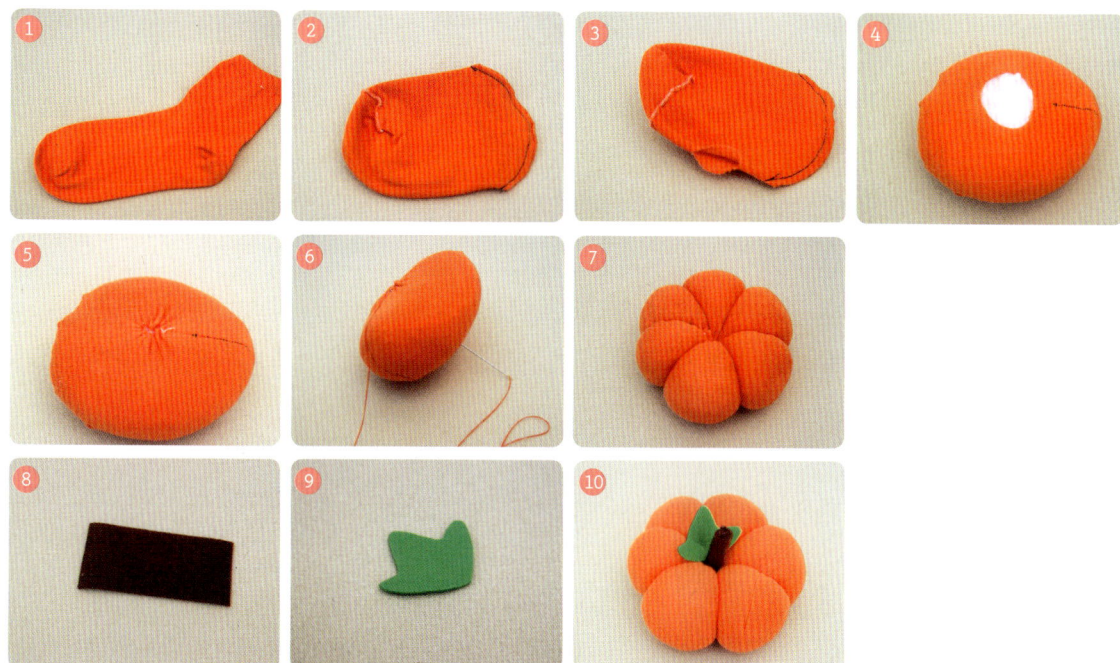

1 | 주황색 양말 준비

2 | 발끝 부분 자르기

3 | 박음질 후 창구멍 내기

4 | 뒤집어 솜 넣기

5 | 창구멍 홈질 후 당겨 매듭짓기

6 | 가운데 부분 아래에서 위쪽 가운데 부분 감싸며 바느질

7 | 6등분 지점 바느질하며 잡아당기기

8 | 갈색 펠트지 말아서 글루건으로 붙이기

9 | 초록색 펠트지 잎사귀 모양으로 자르기

10 | 호박에 글루건으로 꼭지와 잎 붙이기

양 말 인 형 만 들 기

part.3

양말 인형 도안

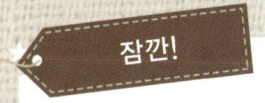
양말 인형 도안 보는법

사용하지 않는 부분

양말 자르기 선

펠트지 자르기 선

양말 박음질 선

스티치선

※ 양말 인형 도안은 140 ~ 150% 확대 복사하여 사용하세요.

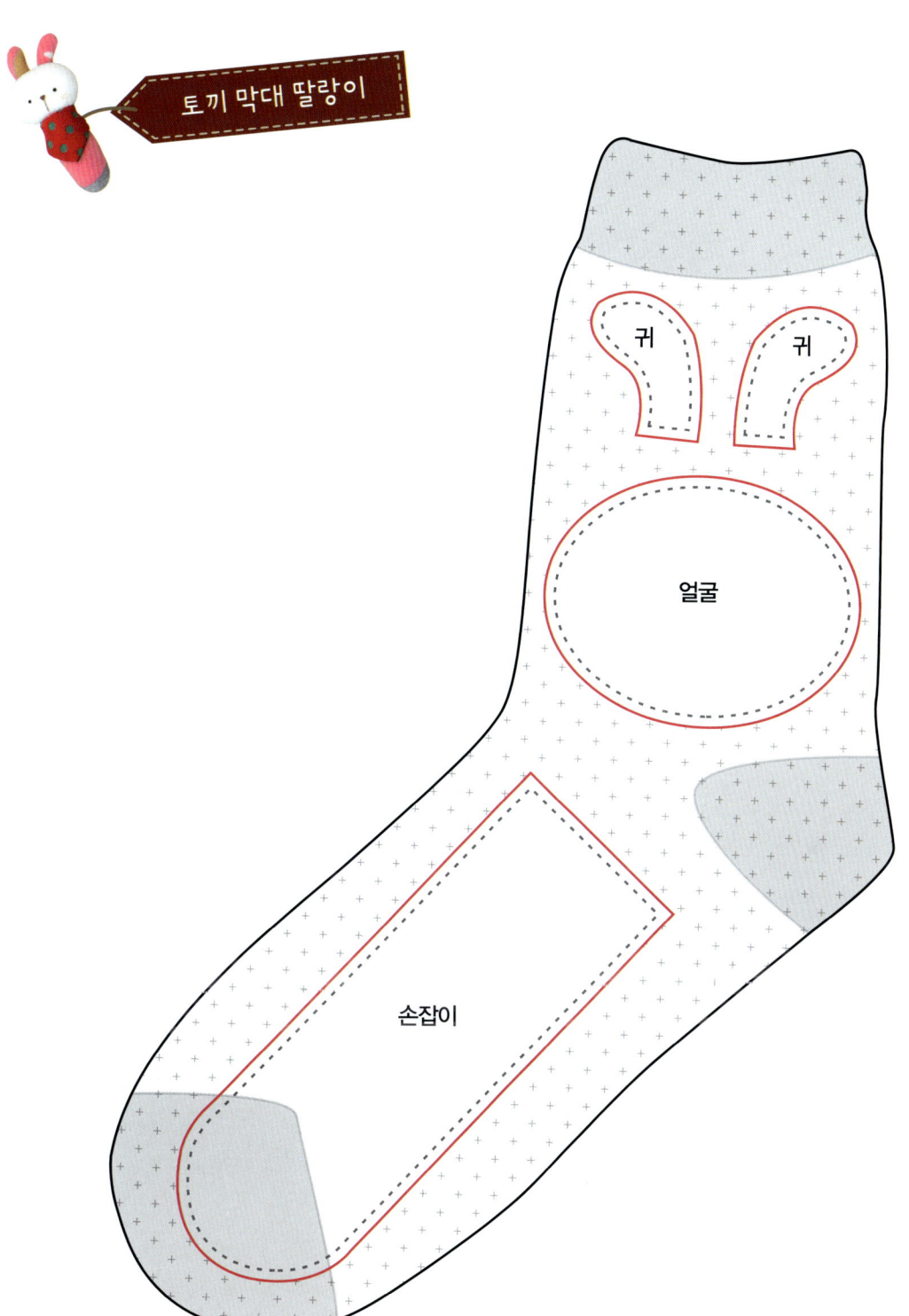

토끼 막대 딸랑이

귀

귀

얼굴

손잡이

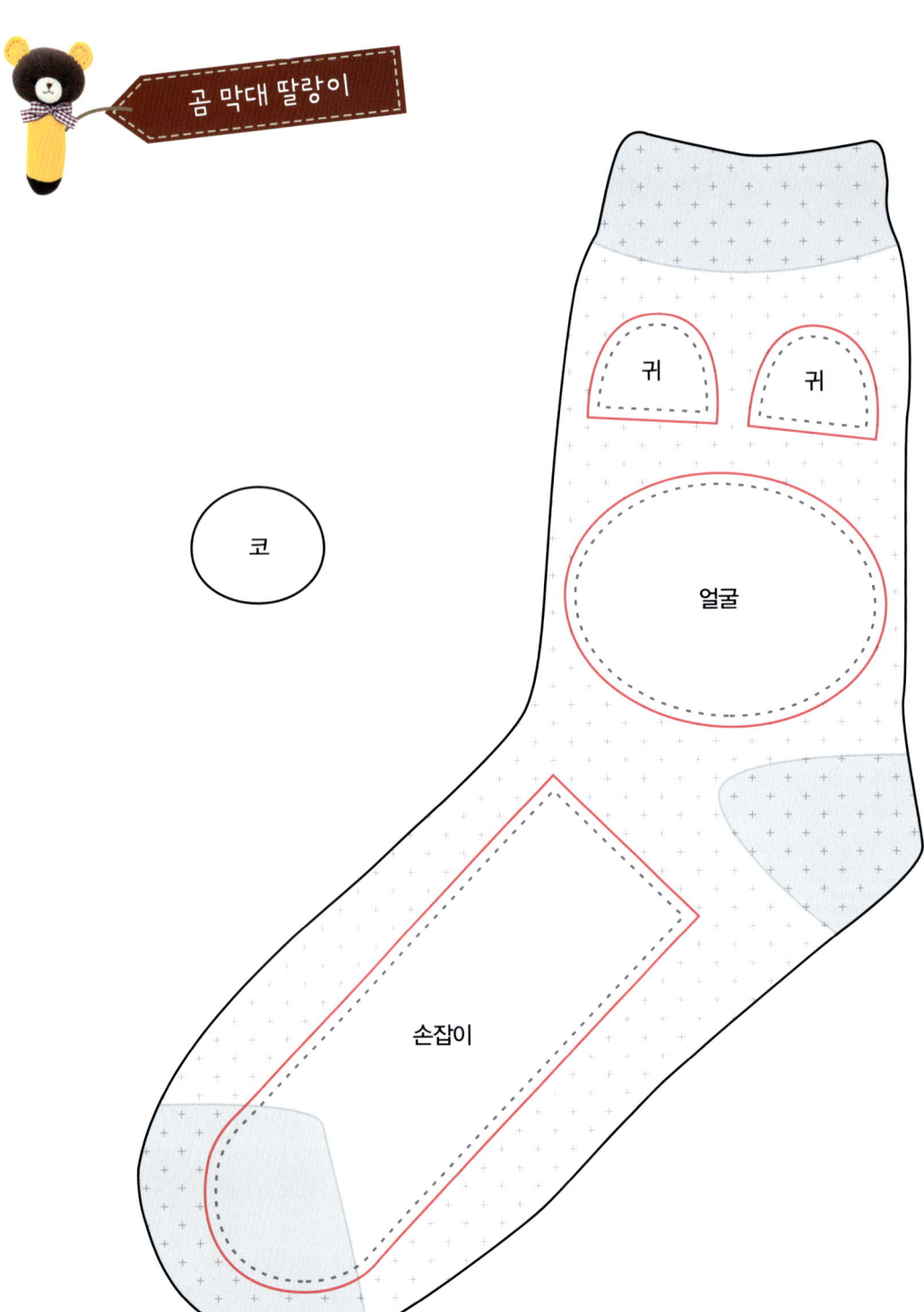

곰 막대 딸랑이

귀

귀

코

얼굴

손잡이

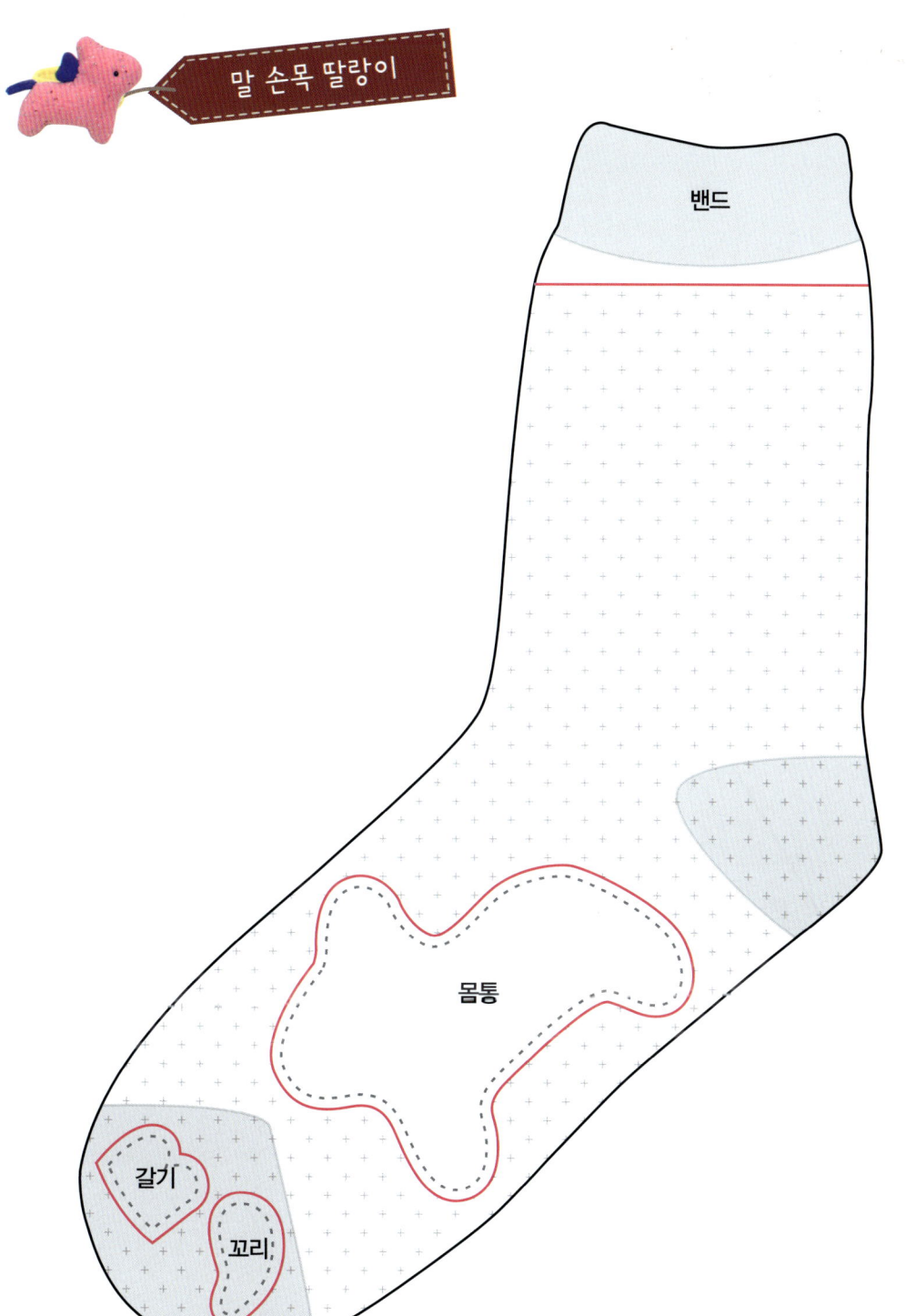

말 손목 딸랑이

밴드

몸통

갈기

꼬리

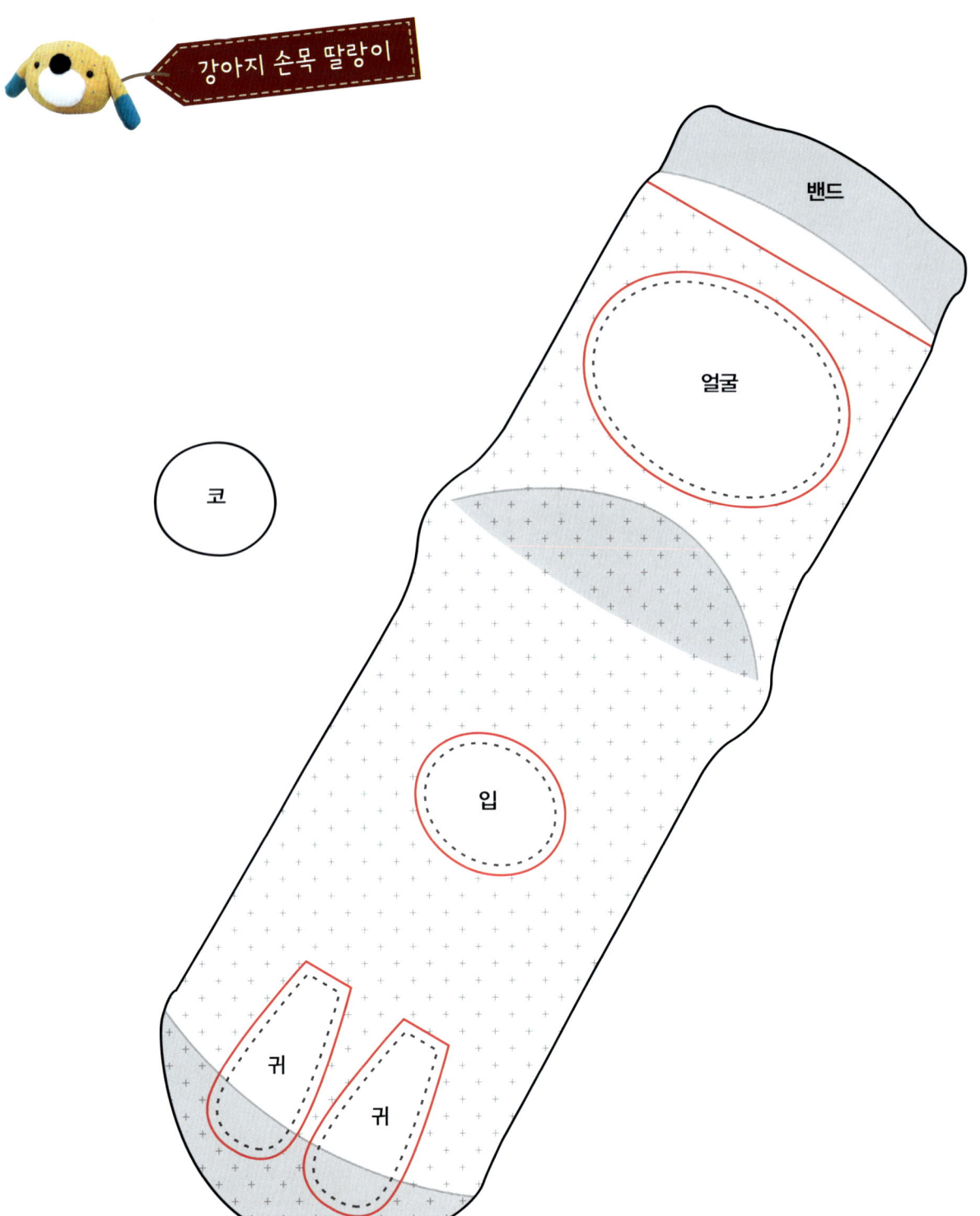

강아지 손목 딸랑이

밴드

얼굴

코

입

귀

귀

154

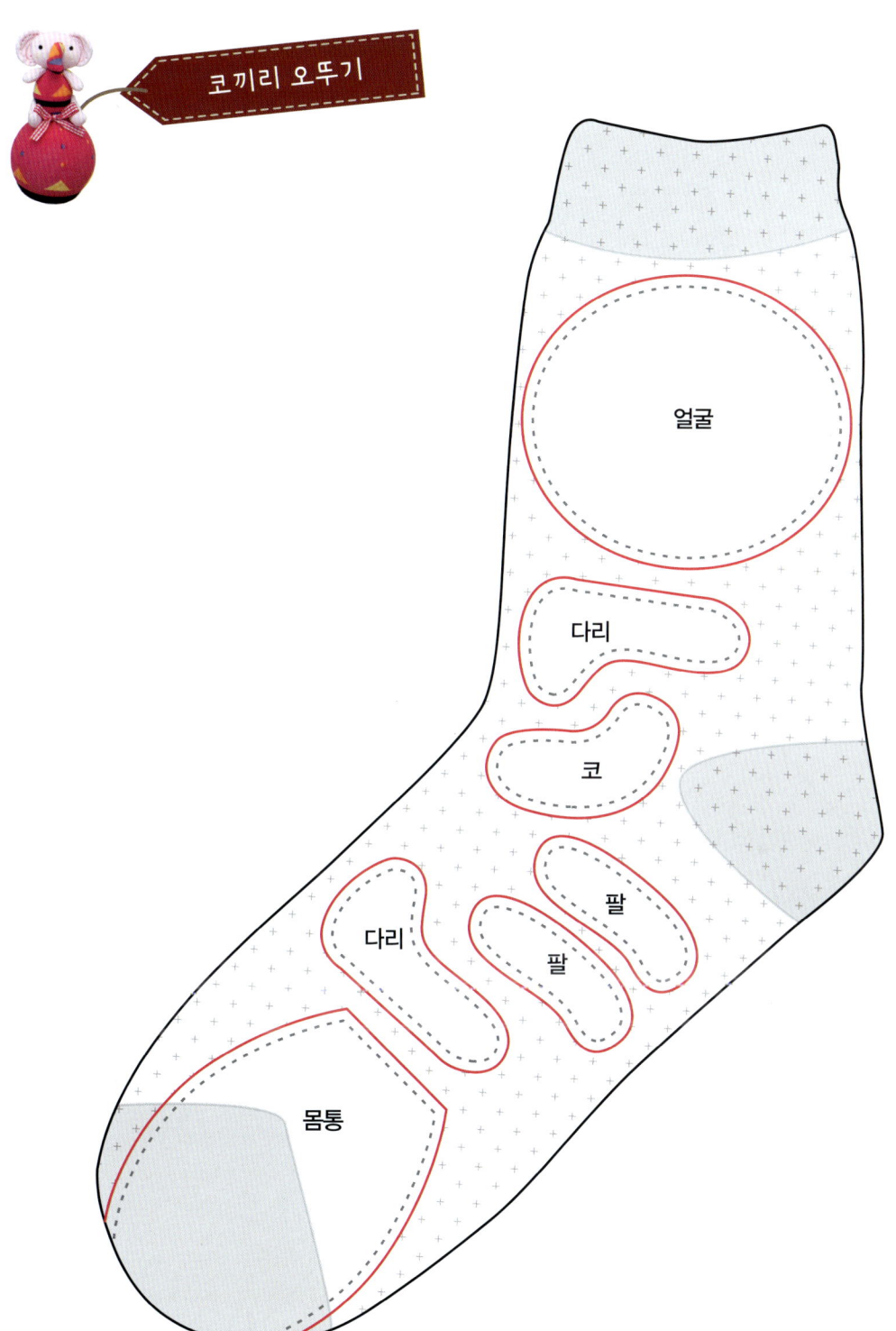

코끼리 오뚜기

얼굴

다리

코

팔

팔

다리

몸통

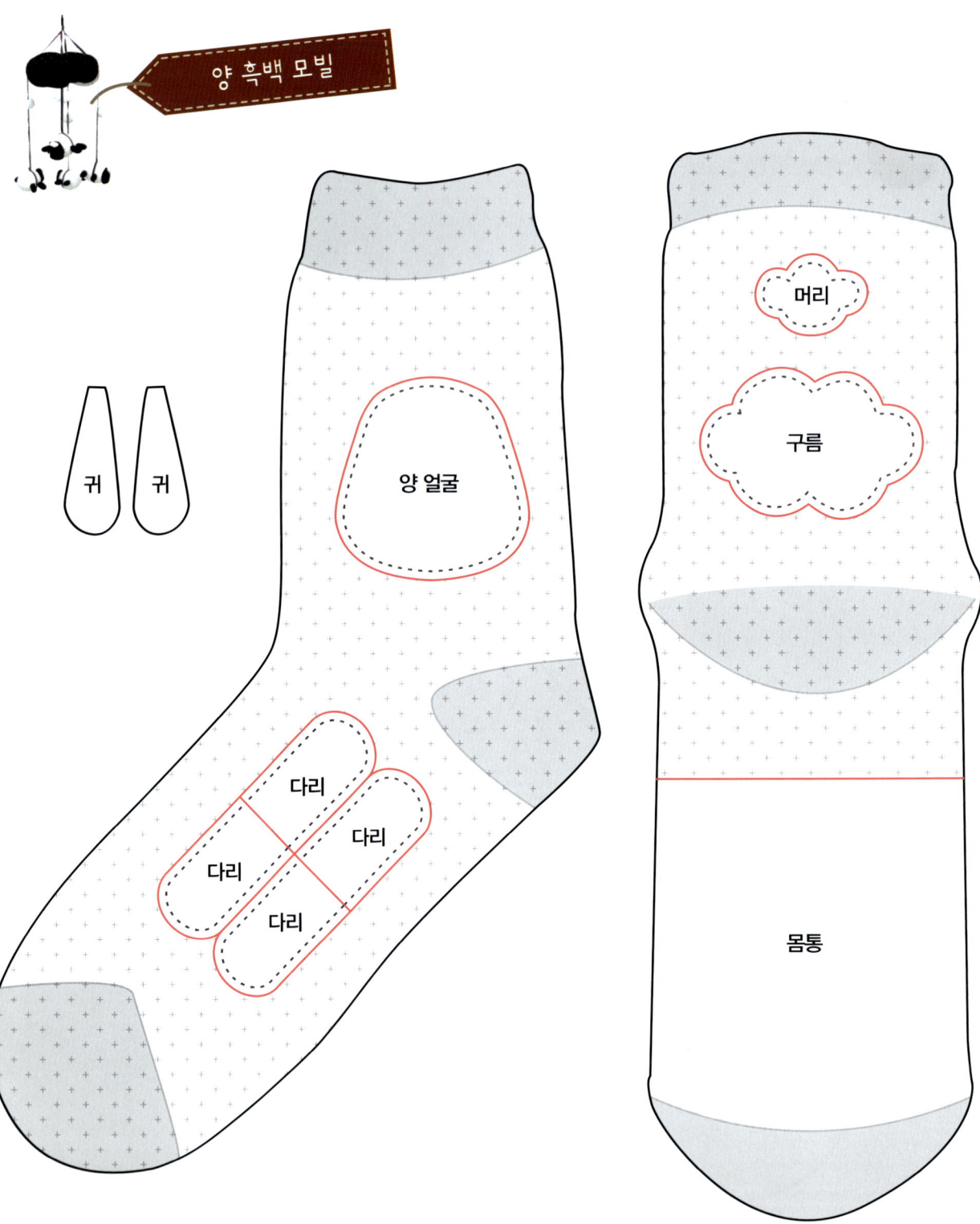

양 흑백 모빌

귀 귀

양 얼굴

다리
다리
다리
다리

머리

구름

몸통

달팽이 컬러 모빌

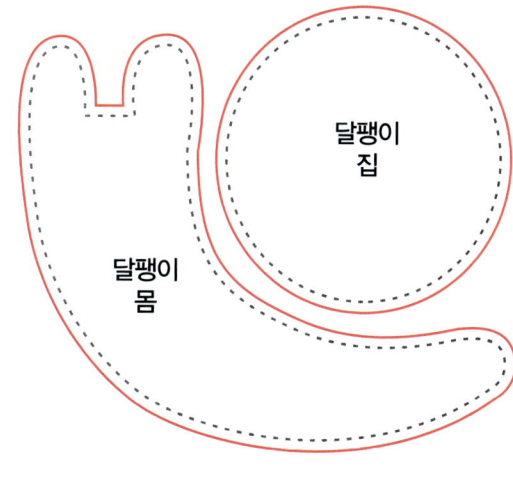

달팽이
집

달팽이
몸

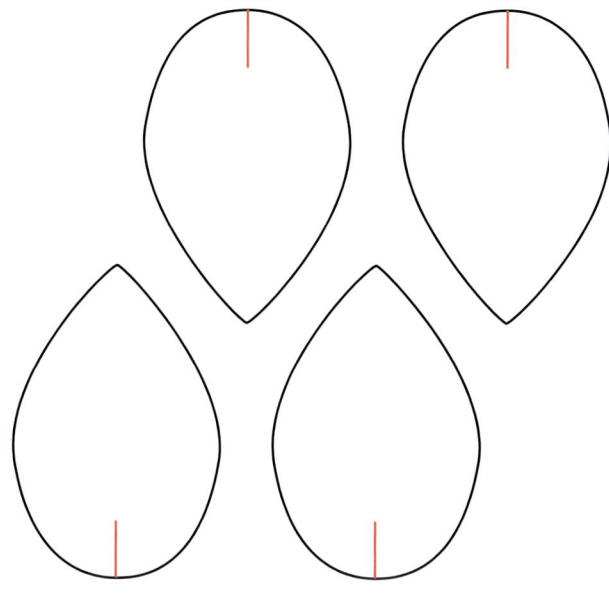

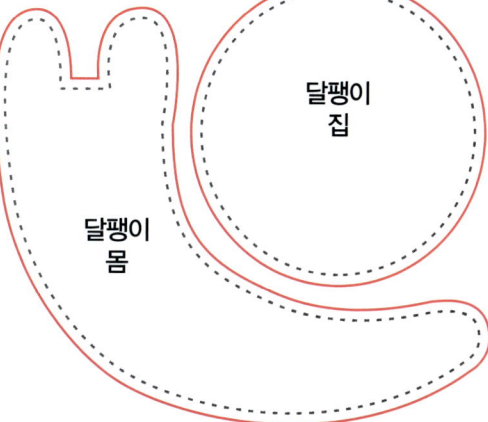

달팽이
집

달팽이
몸

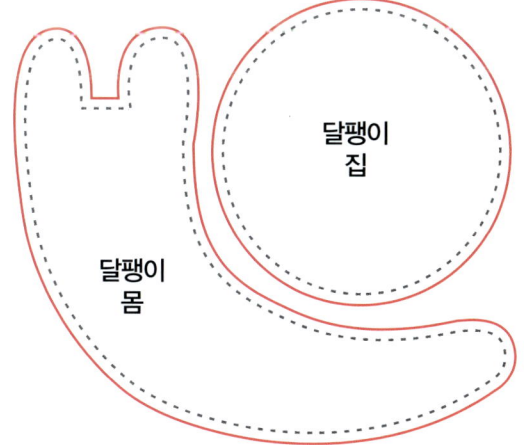

달팽이
집

달팽이
몸

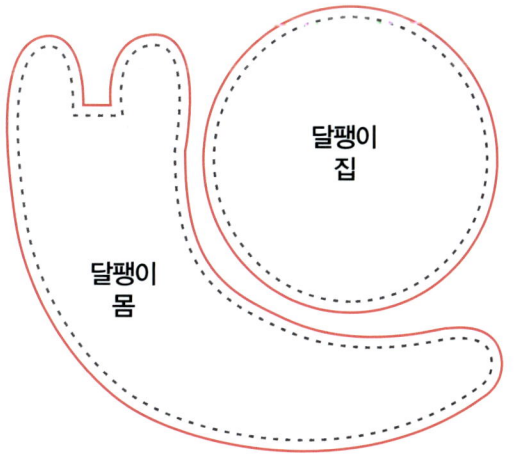

달팽이
집

달팽이
몸

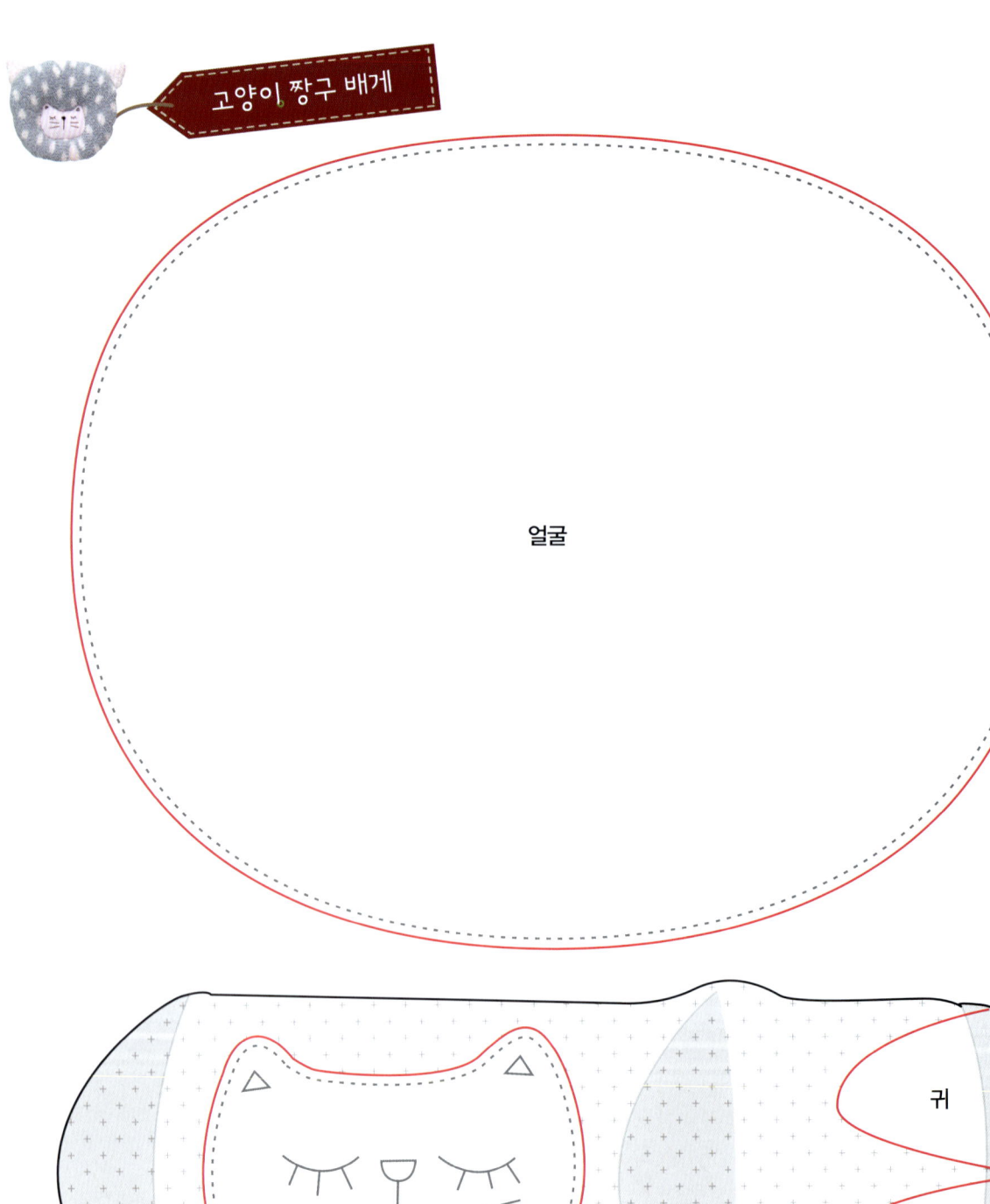

고양이 짱구 배게

얼굴

귀

귀

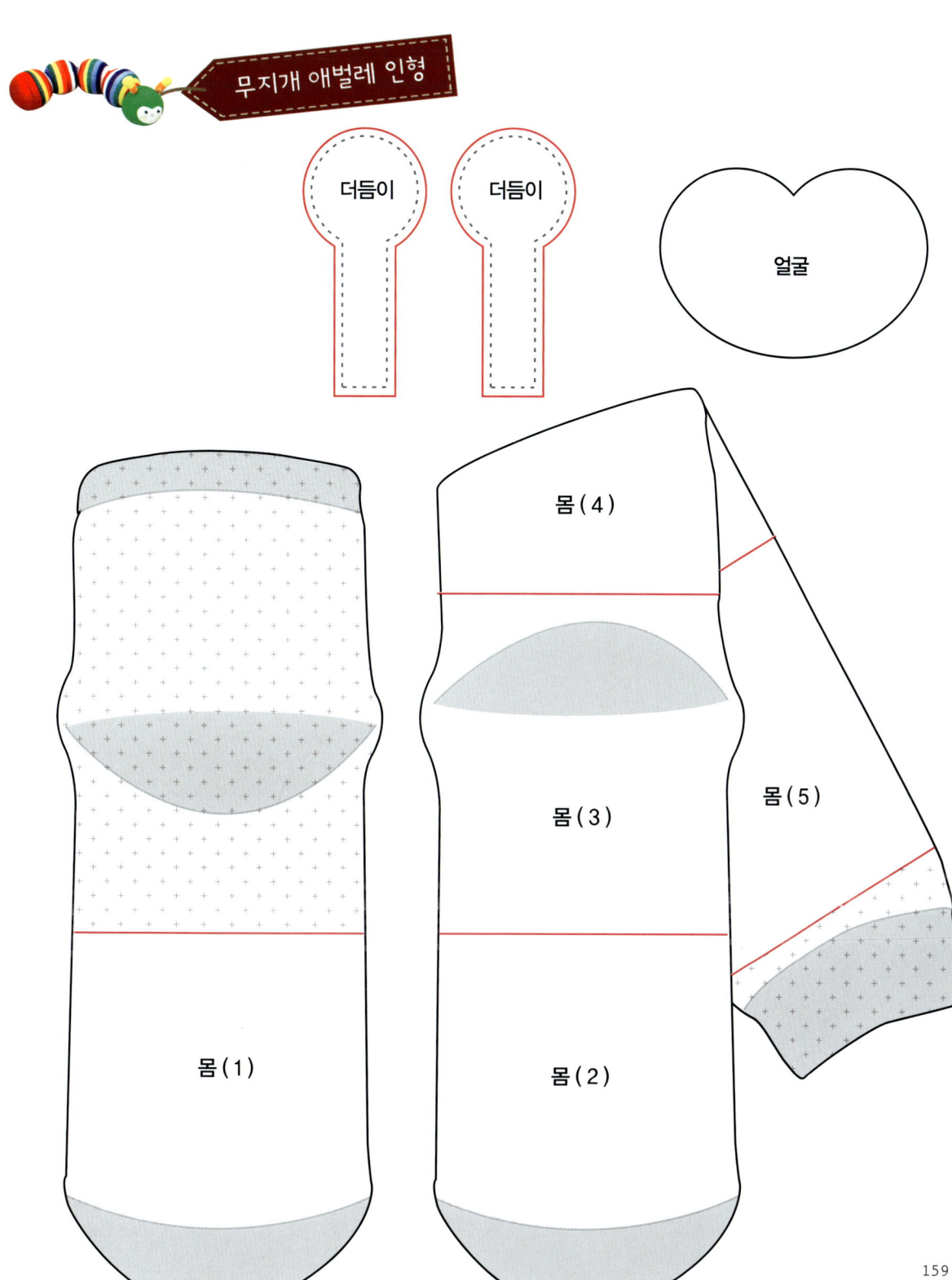

무지개 애벌레 인형

더듬이

더듬이

얼굴

몸(4)

몸(3)

몸(5)

몸(1)

몸(2)

공(1)

공(2)

공(3)

원

원

공(4)

공(5)

공(6)

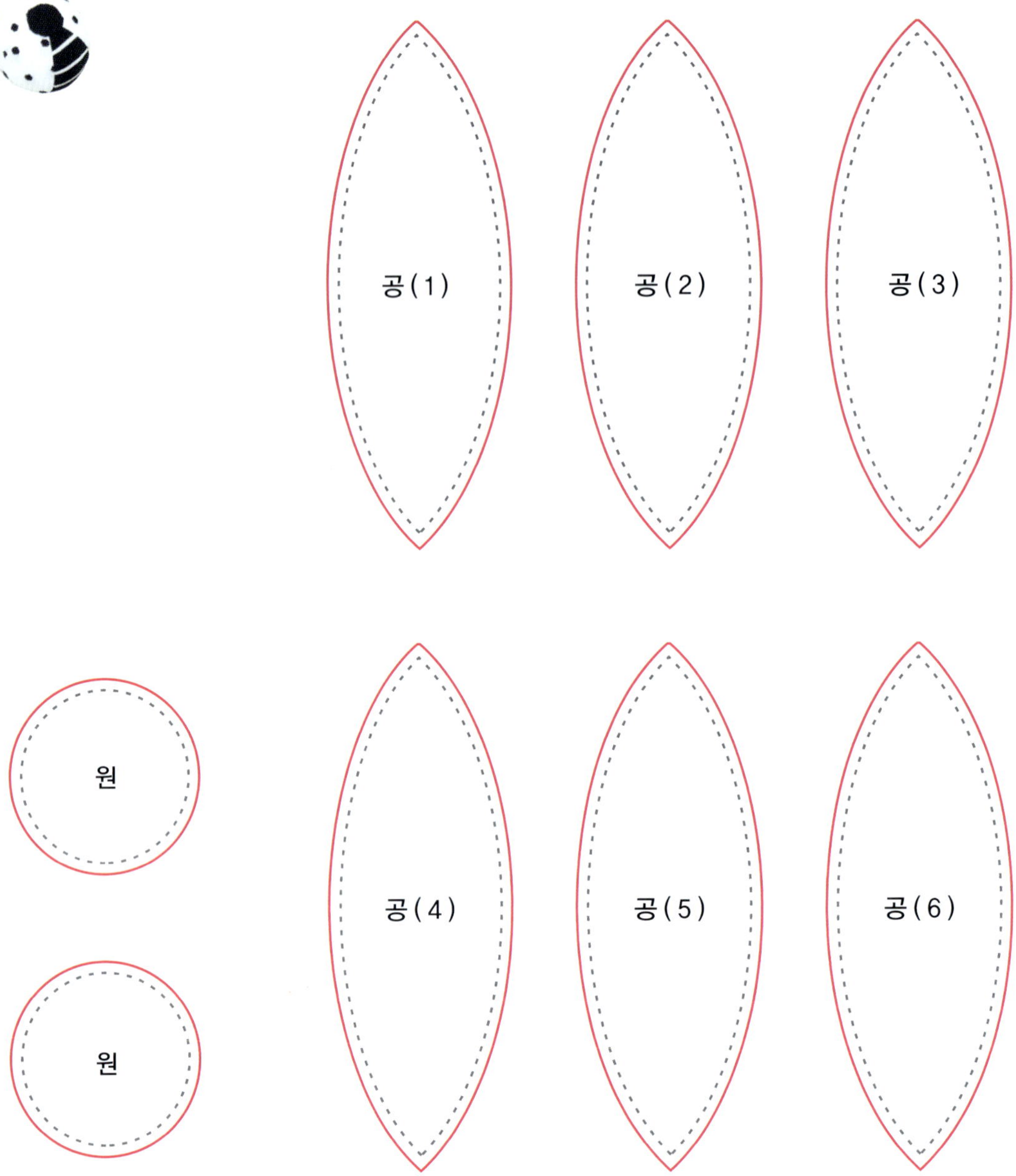

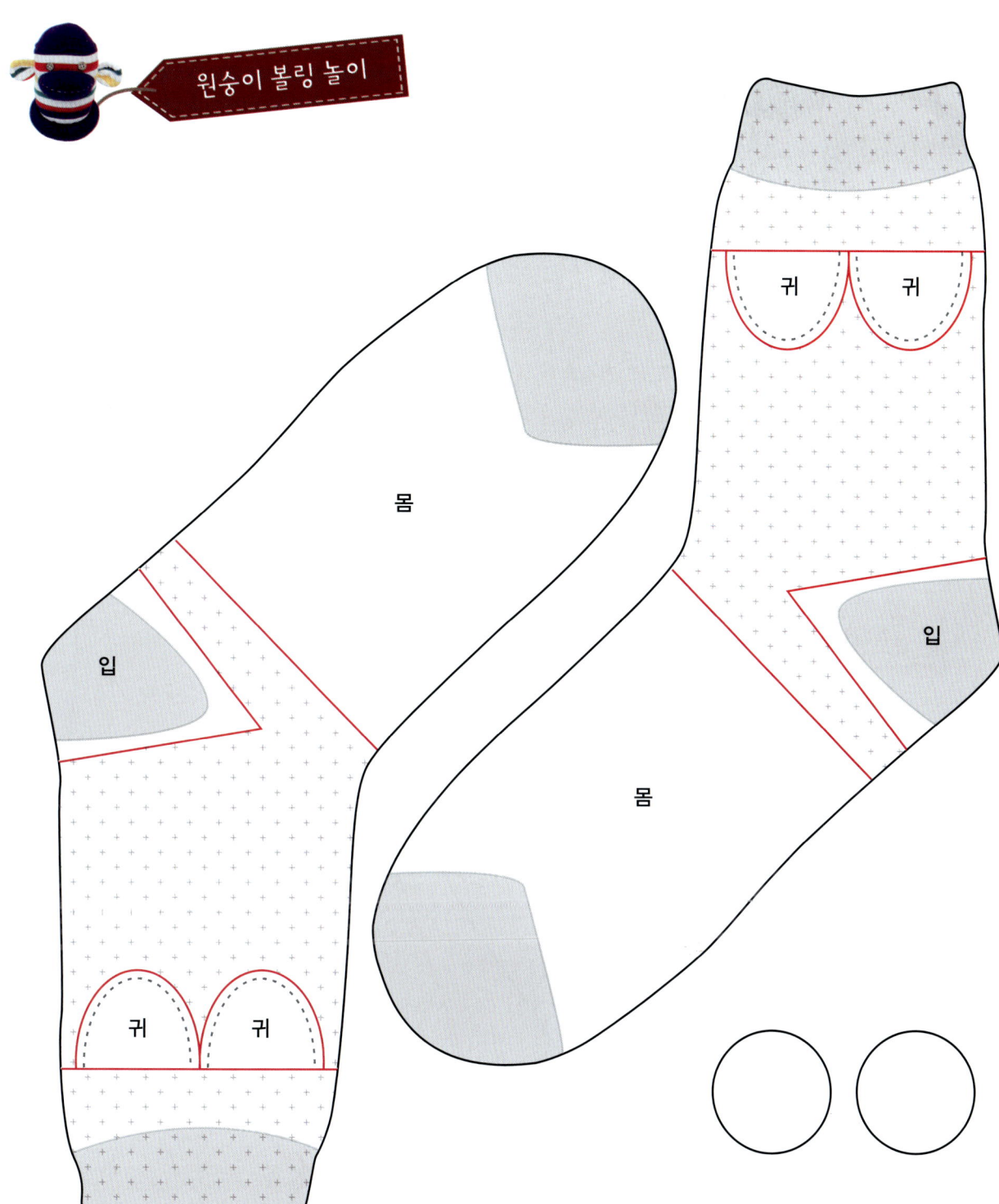

원숭이 볼링 놀이

귀 귀

몸

입

몸

입

귀 귀

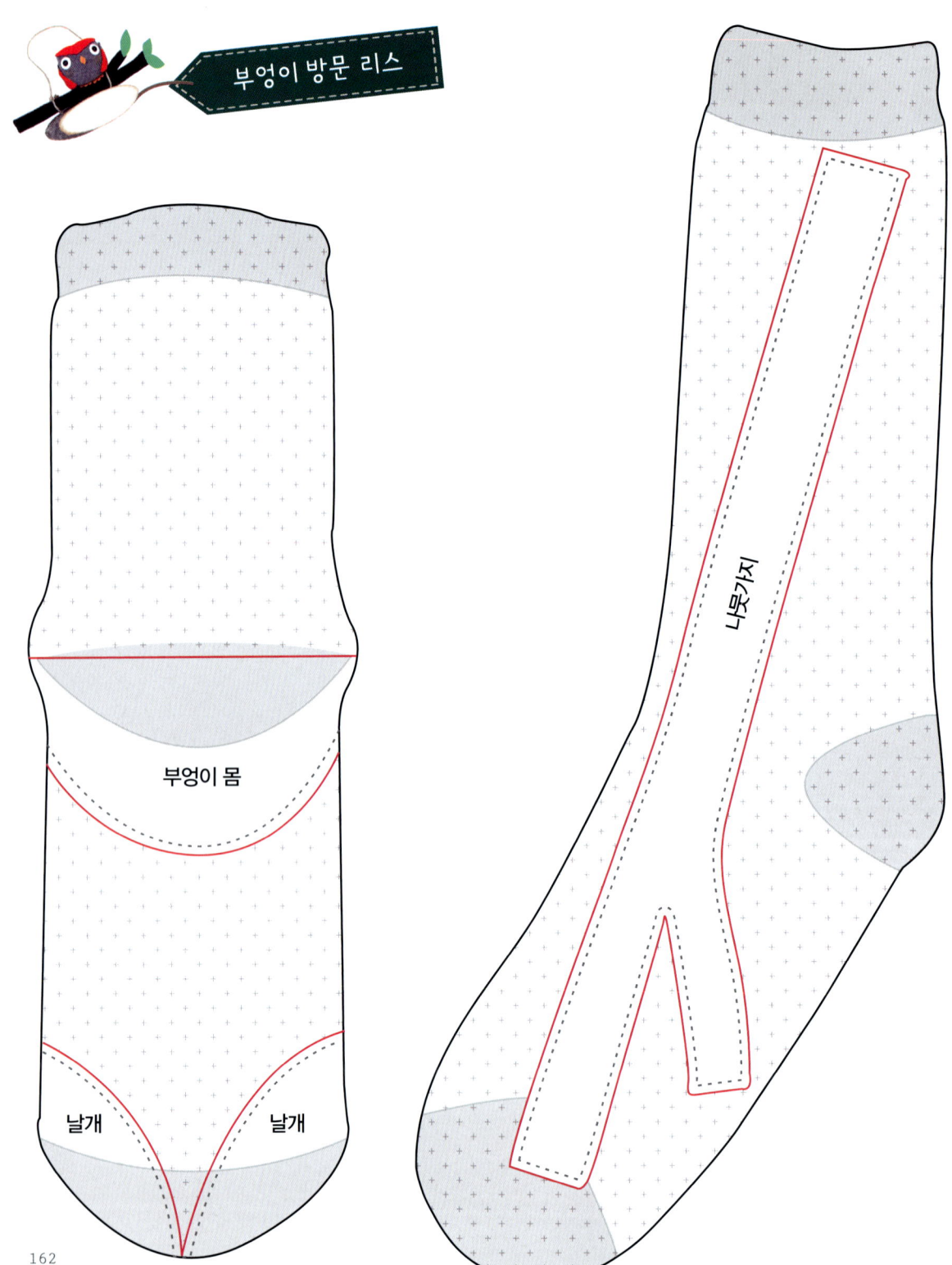

부엉이 방문 리스

부엉이 몸

날개　날개

나뭇가지

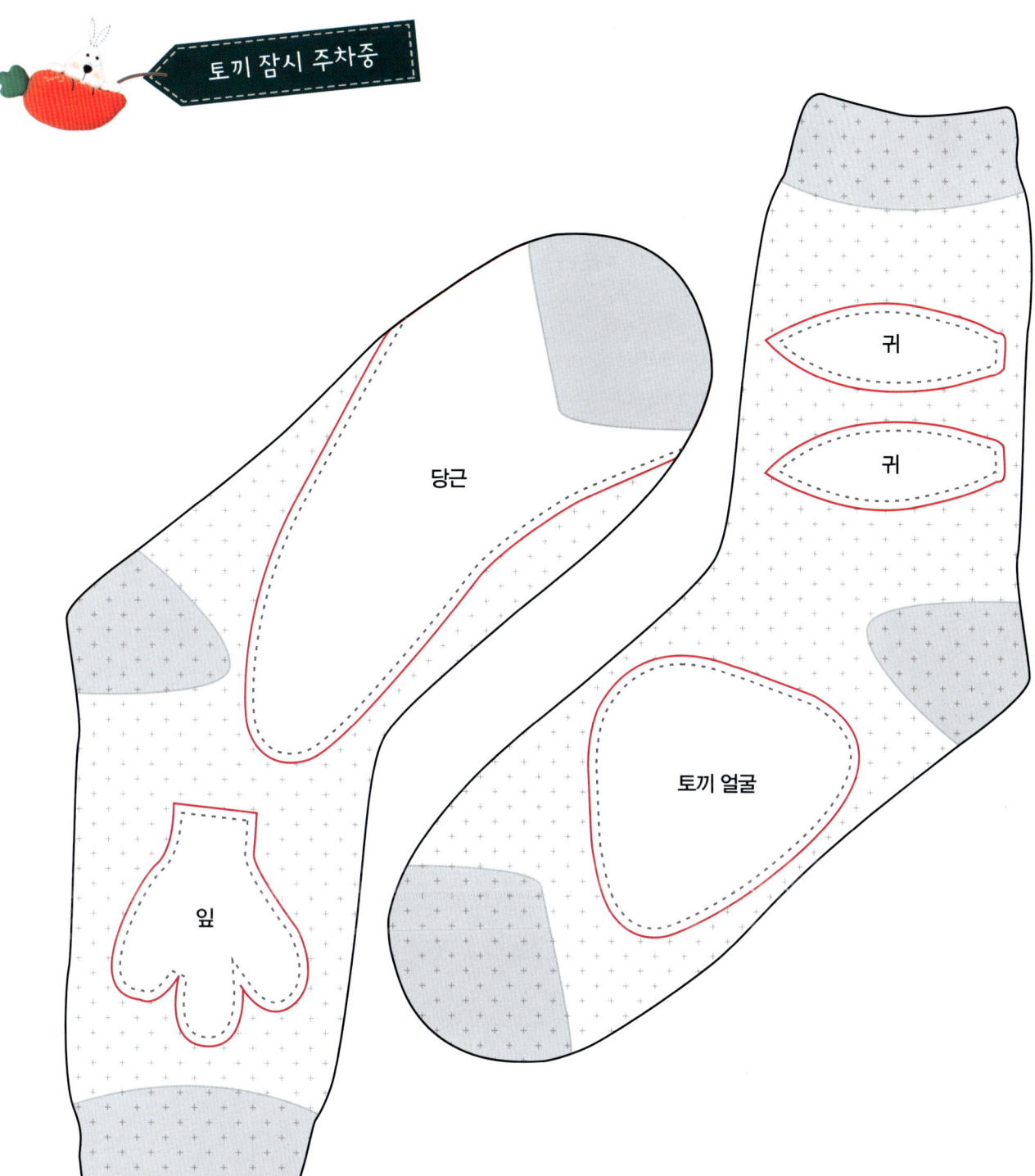

토끼 잠시 주차중

당근

귀

귀

잎

토끼 얼굴

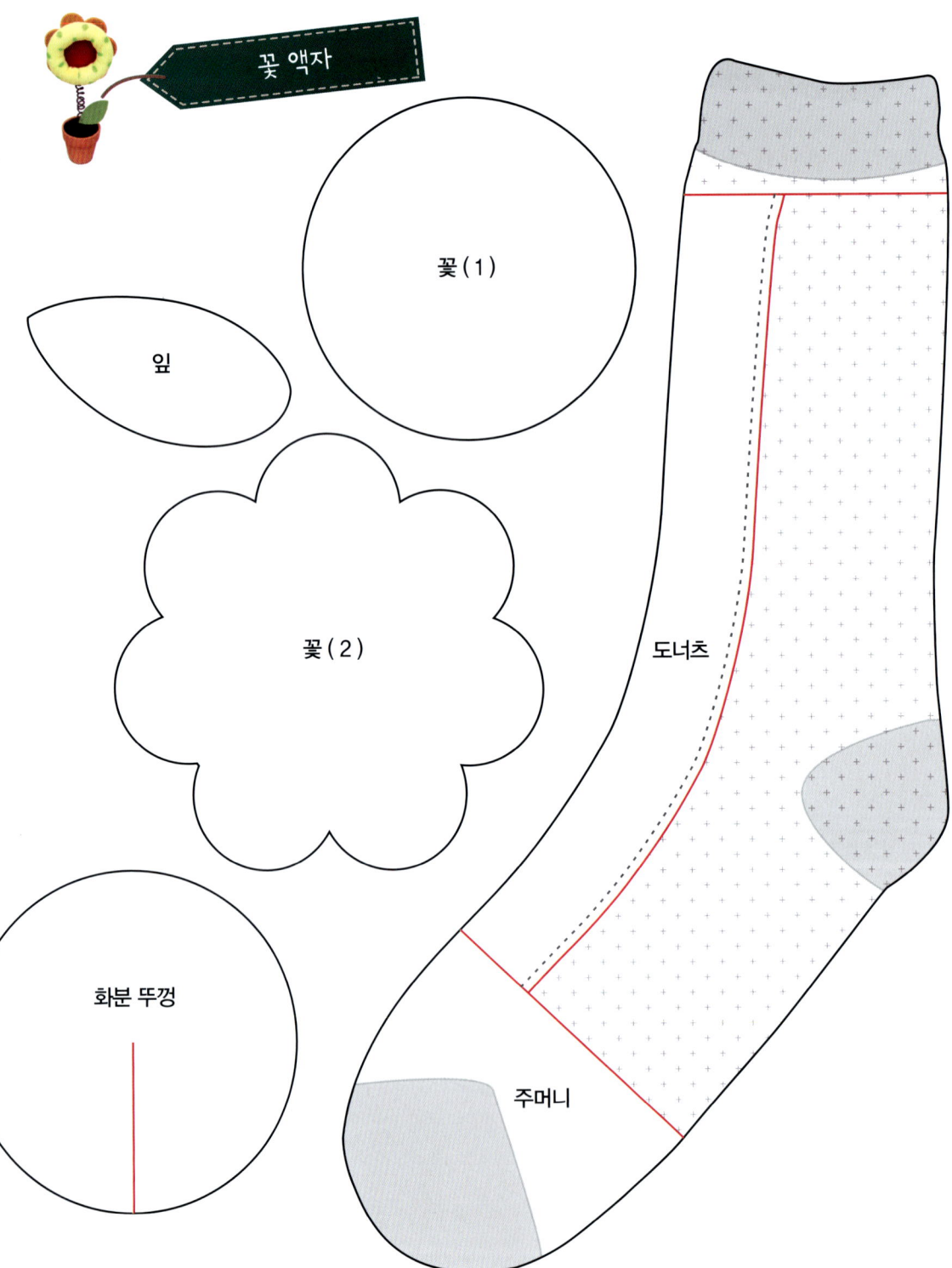

꽃 액자

꽃(1)

잎

꽃(2)

도너츠

화분 뚜껑

주머니

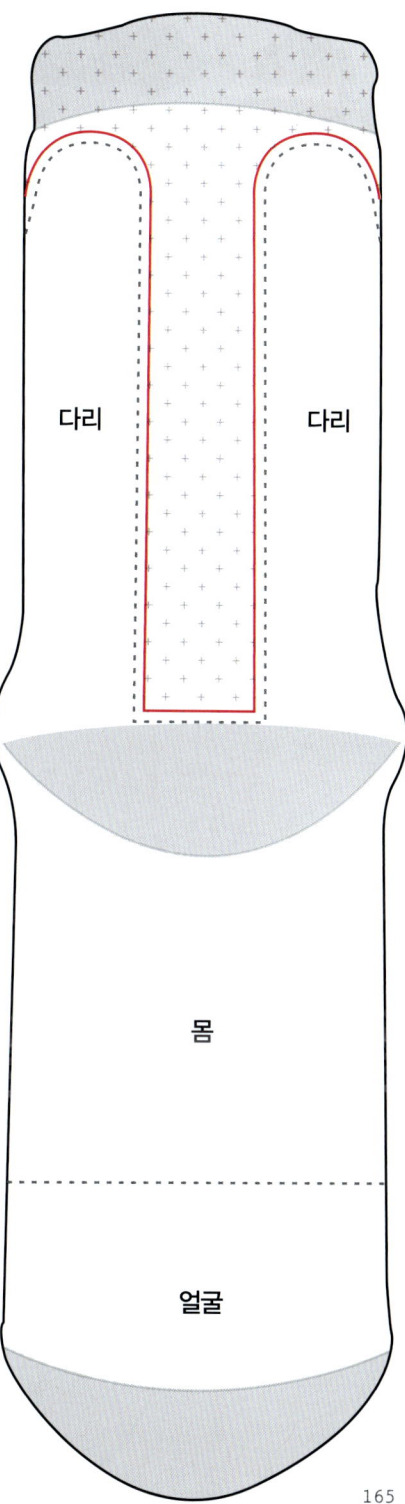

다리

다리

몸

얼굴

가지

잎

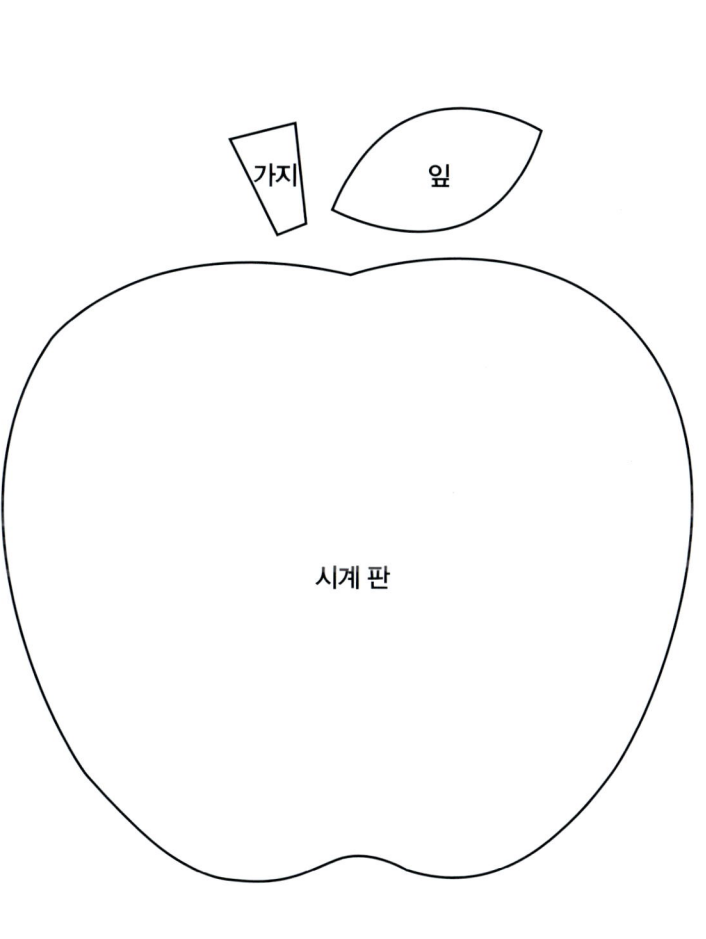

시계 판

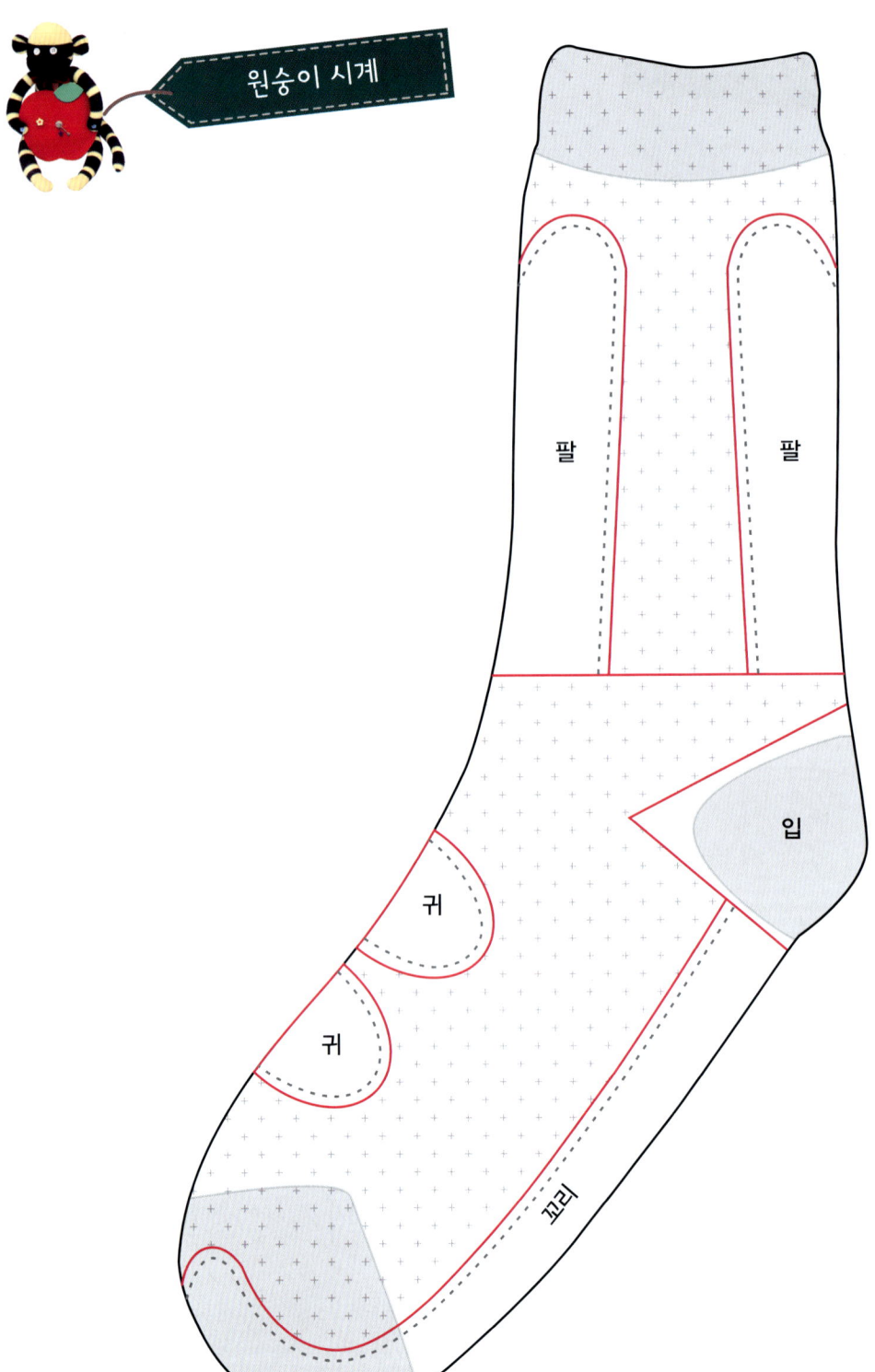

원숭이 시계

팔

팔

입

귀

귀

꼬리

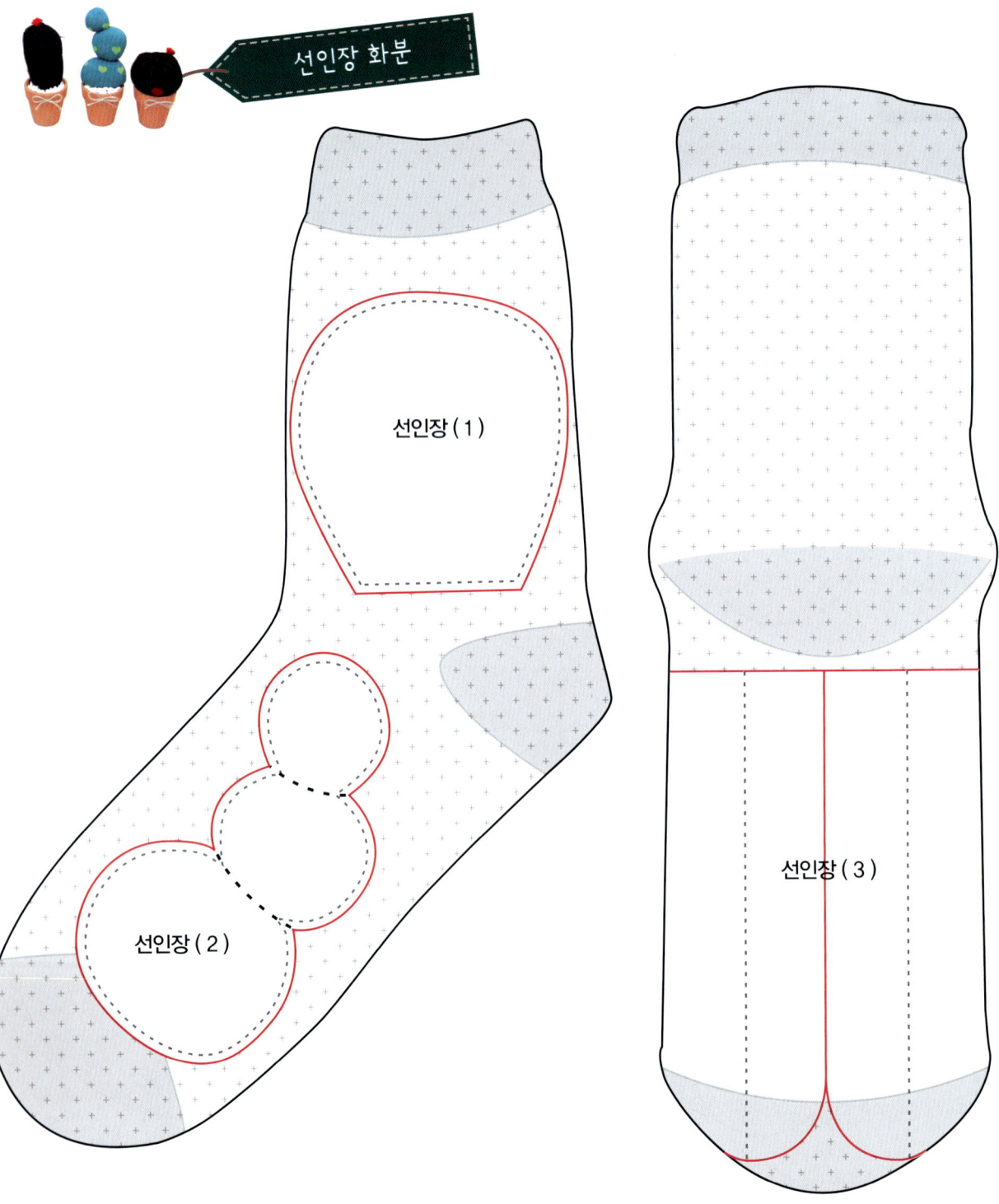

선인장 화분

선인장 (1)

선인장 (2)

선인장 (3)

OPen

Close

구름 (1)

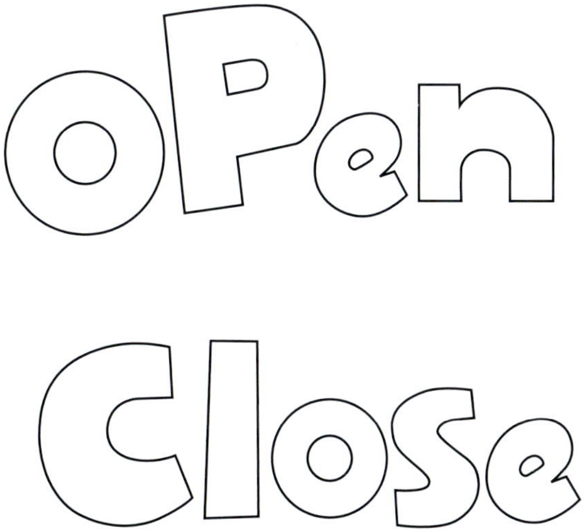

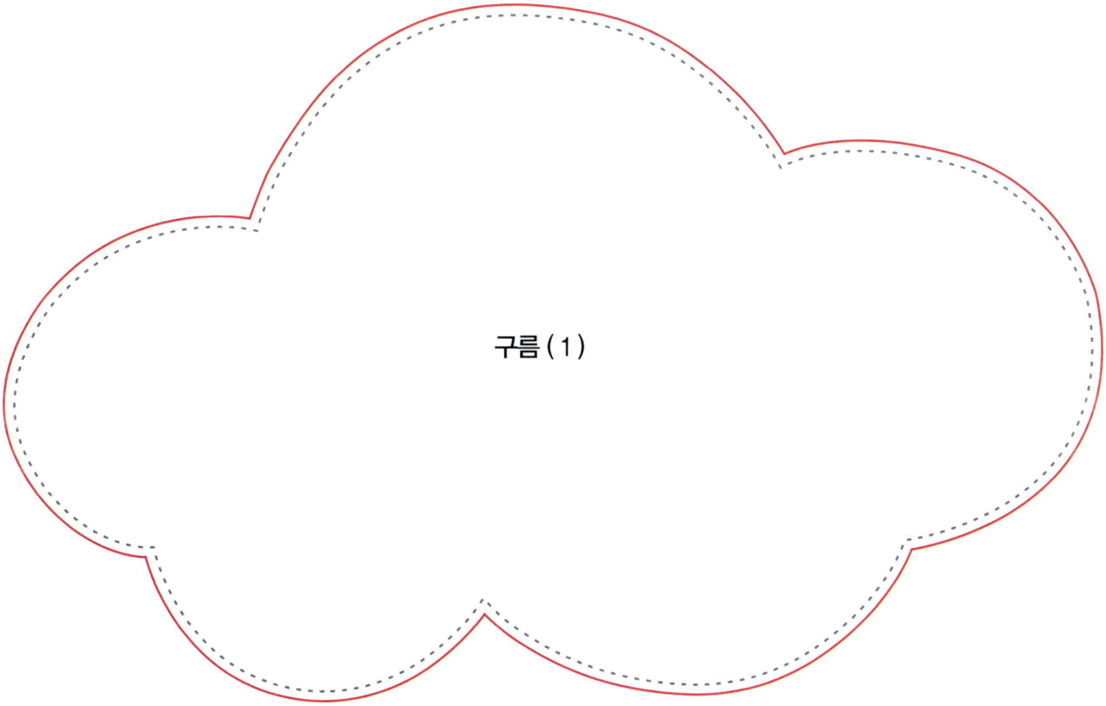

oPen
Close

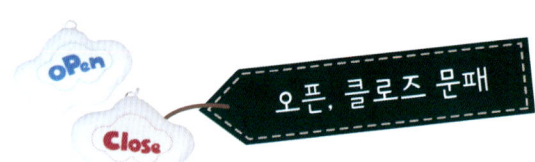

오픈, 클로즈 문패

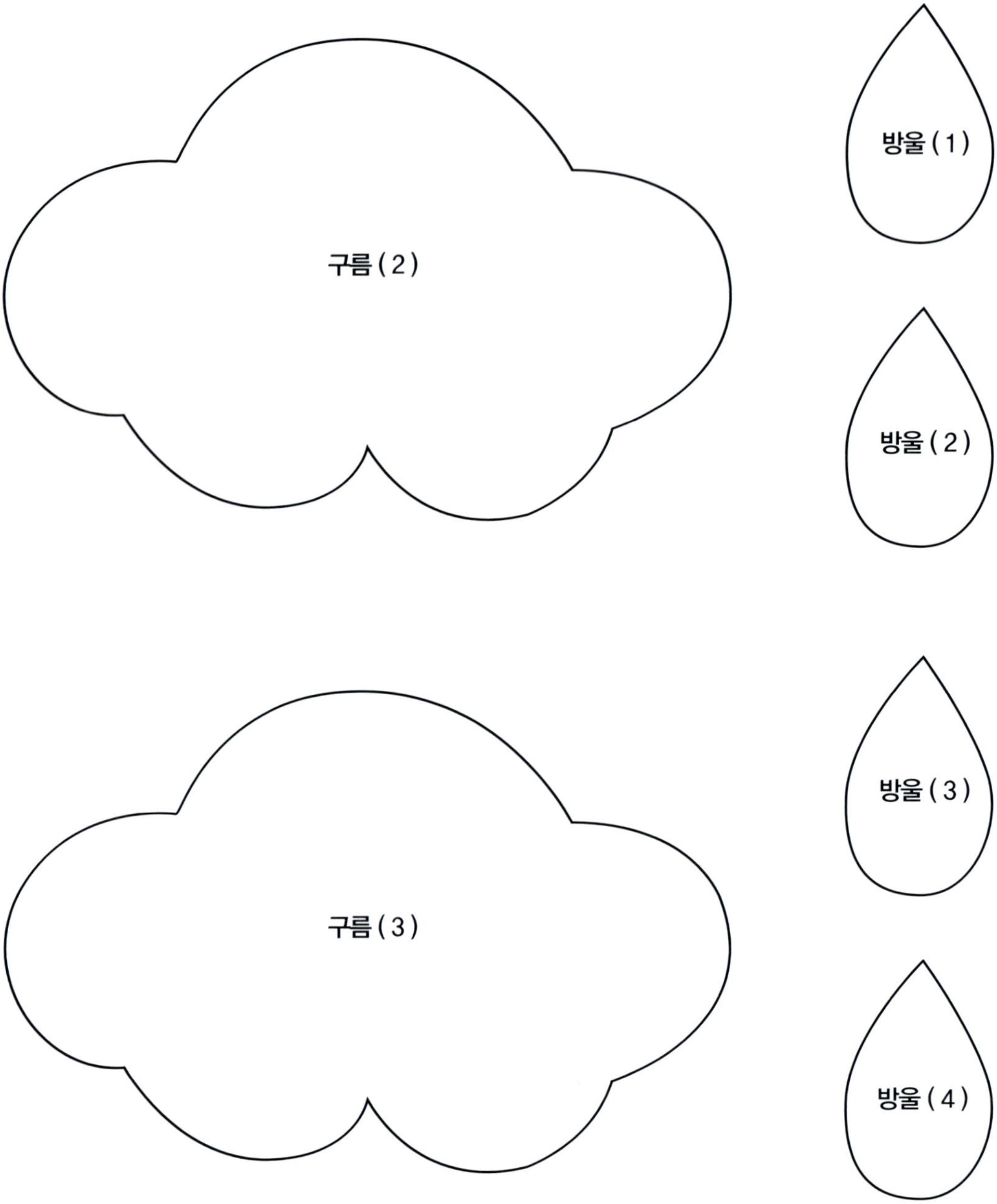

구름(2)
방울(1)
방울(2)
구름(3)
방울(3)
방울(4)

마네키네코

얼굴

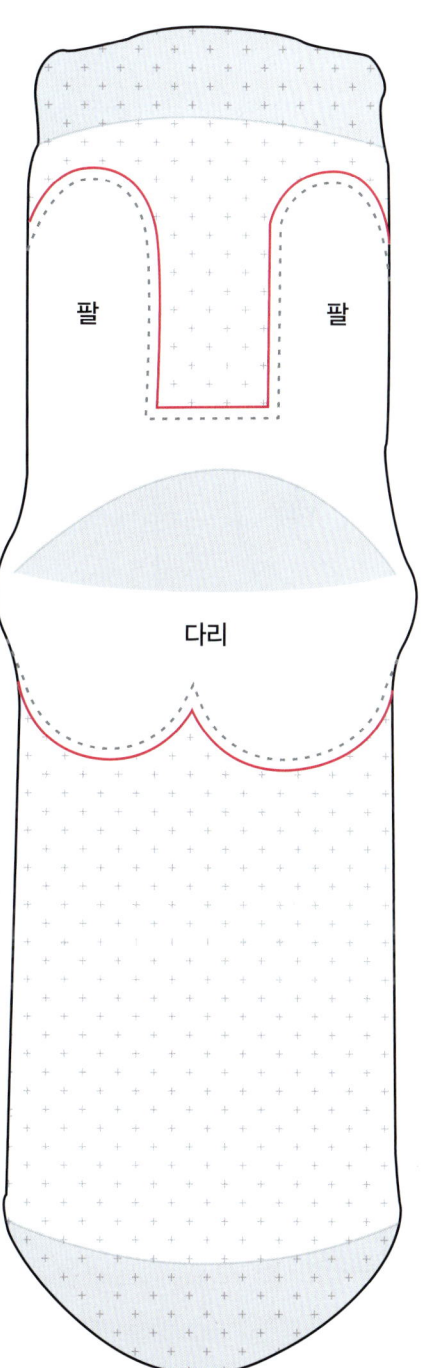

팔　　　　　팔

다리

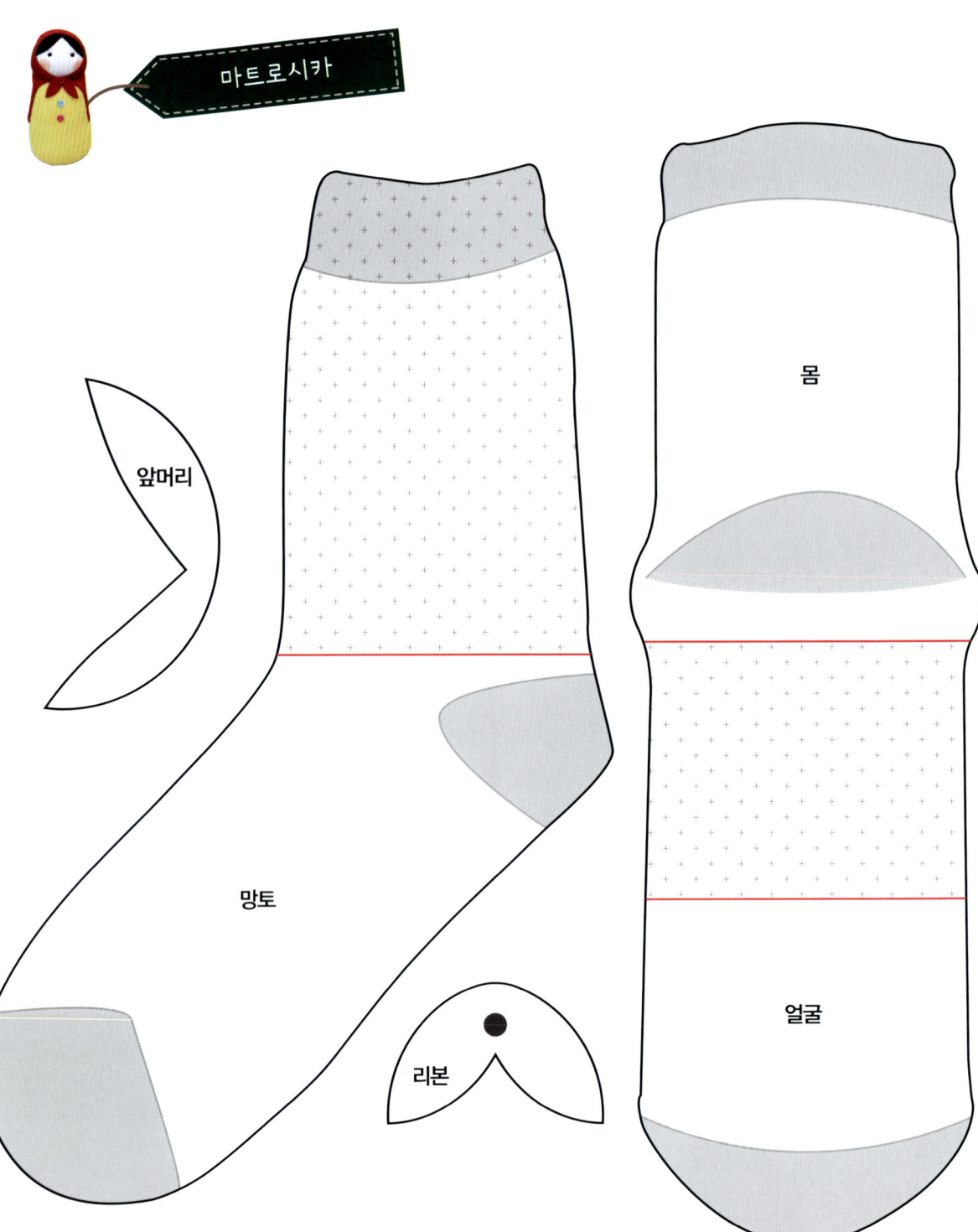

마트로시카

앞머리

망토

몸

얼굴

리본

달라호스 말
(1)

달라호스 말
(2)

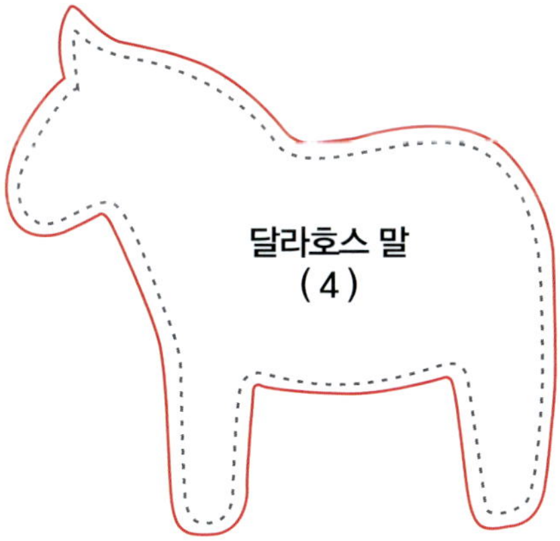

달라호스 말
(4)

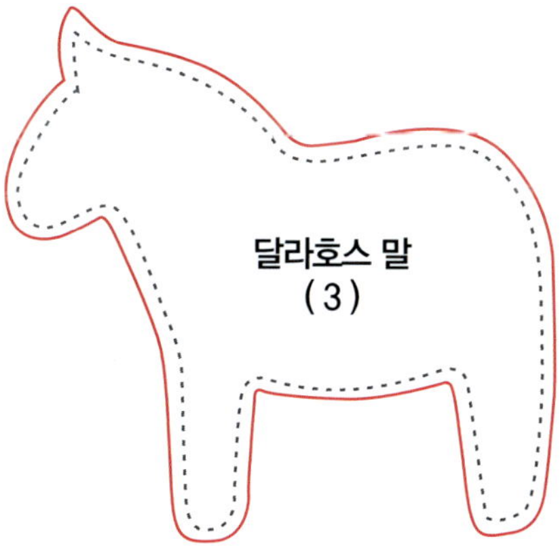

달라호스 말
(3)

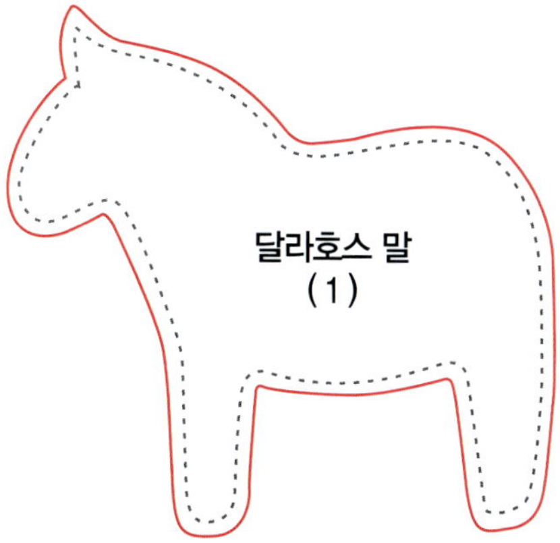

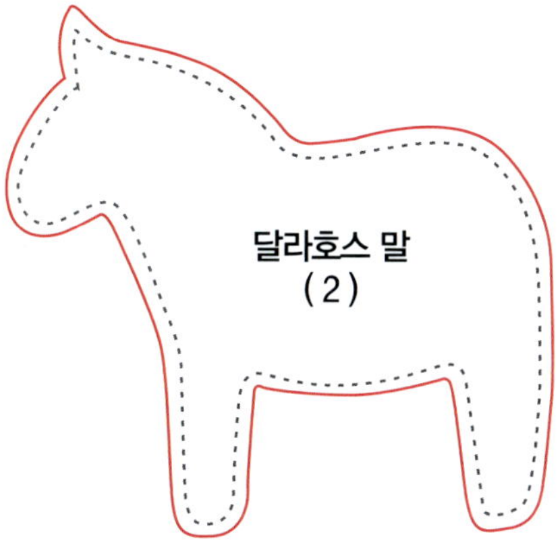

맛있는 간식 핸드폰 고리

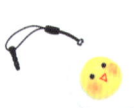

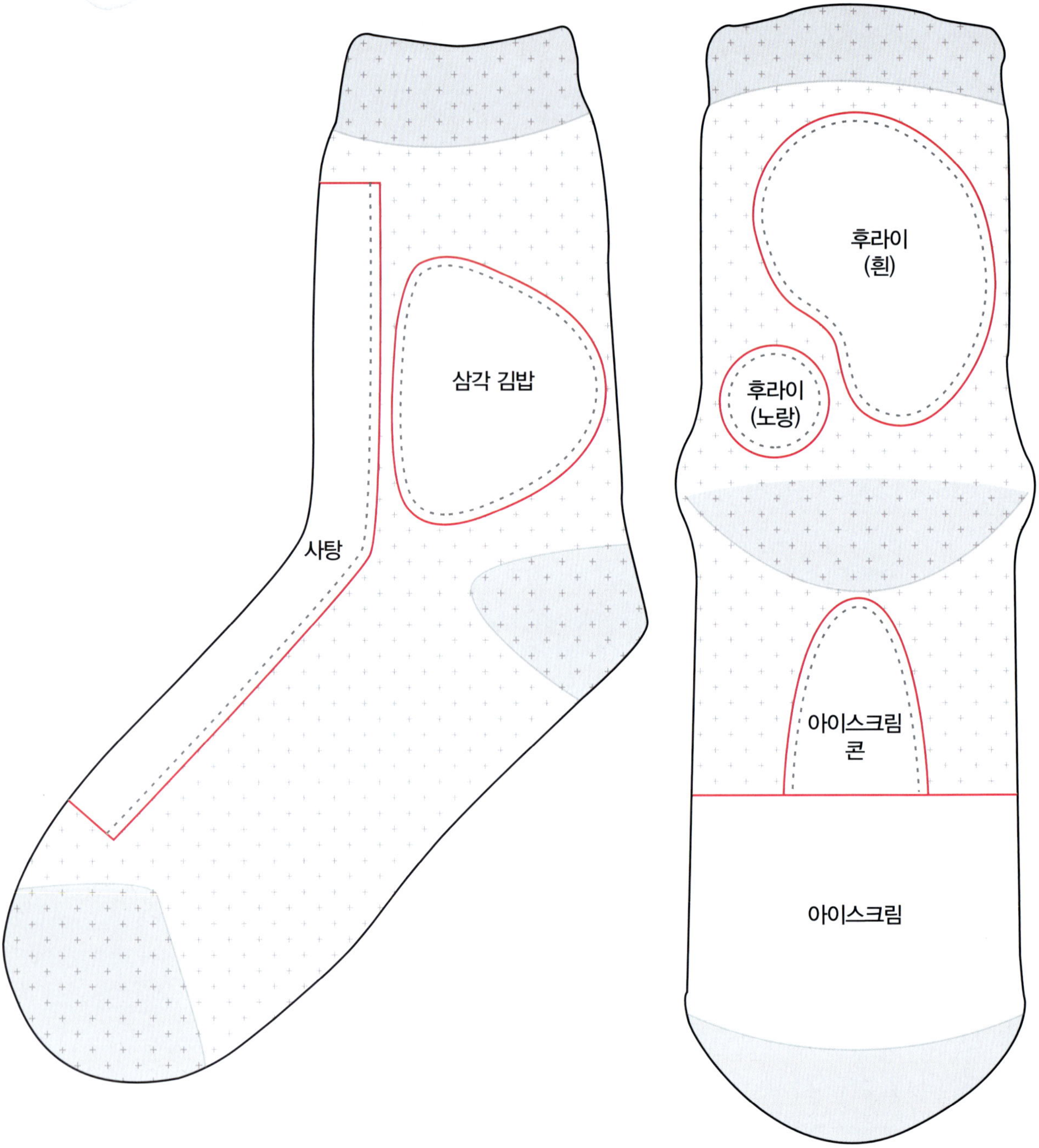
사탕
삼각 김밥
후라이
(흰)
후라이
(노랑)
아이스크림
콘
아이스크림

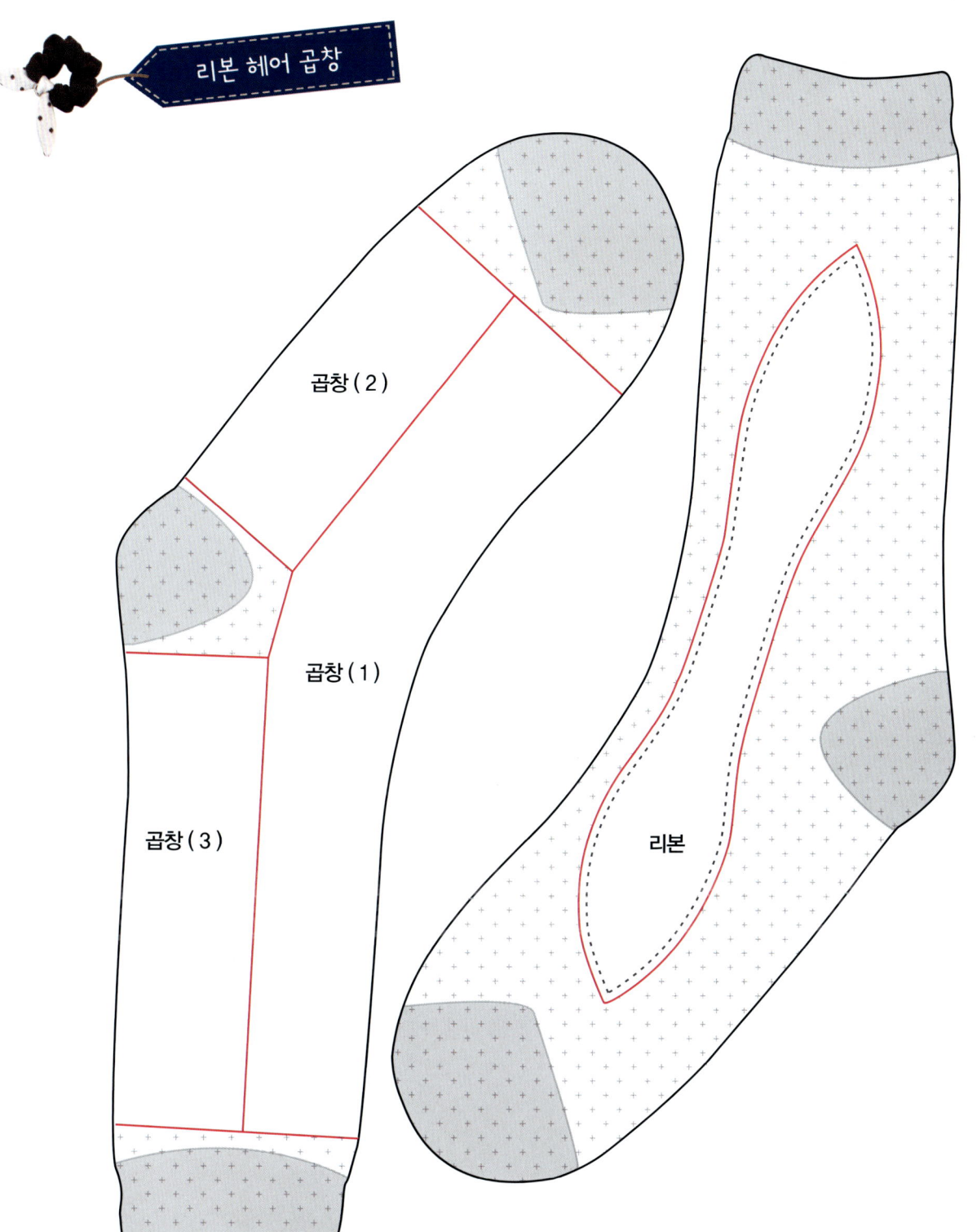

리본 헤어 곱창

곱창 (2)

곱창 (1)

곱창 (3)

리본

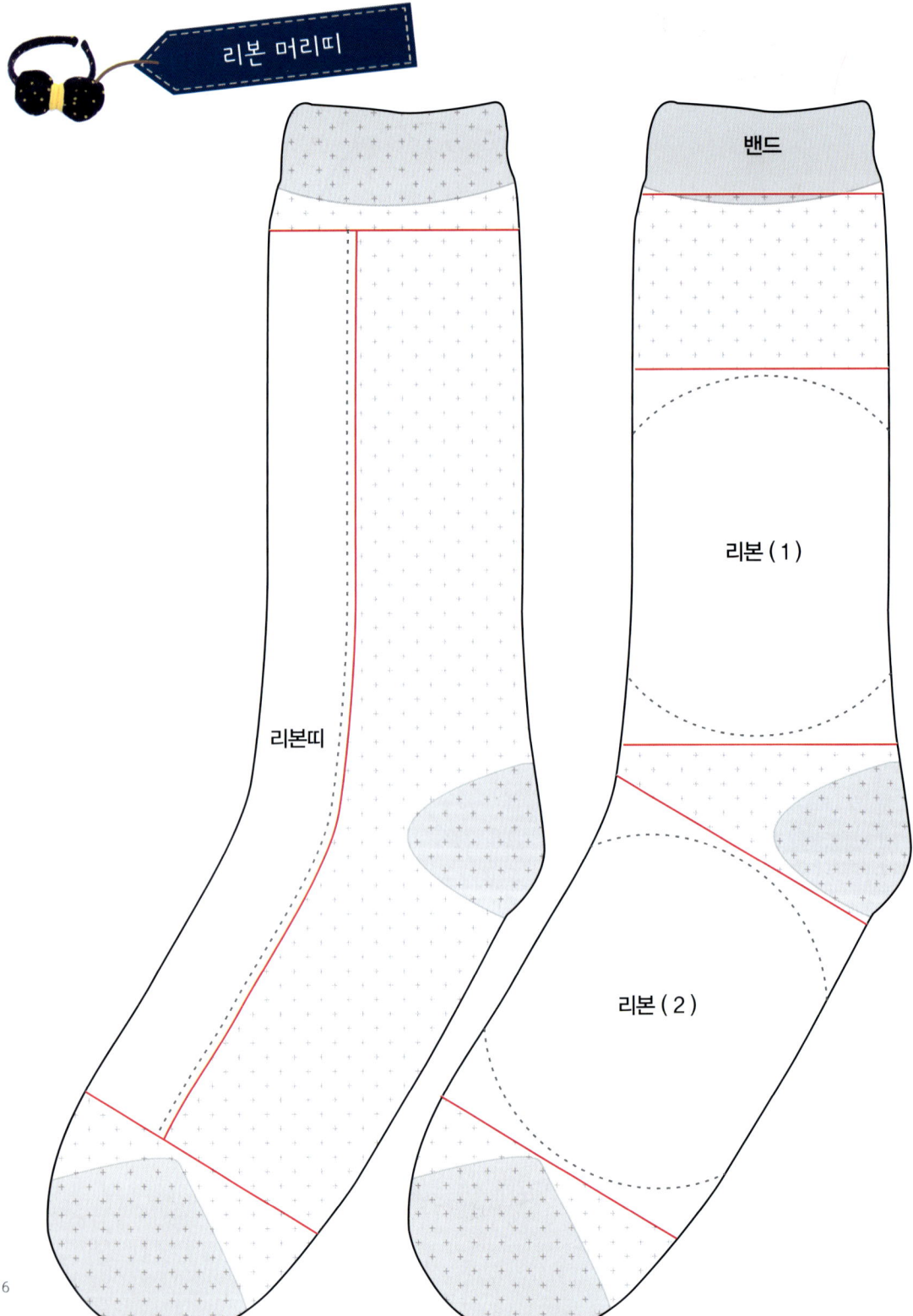

리본 머리띠

밴드

리본 (1)

리본 (2)

리본띠

양쪽 측면 자르기
: 정사각형 2장으로

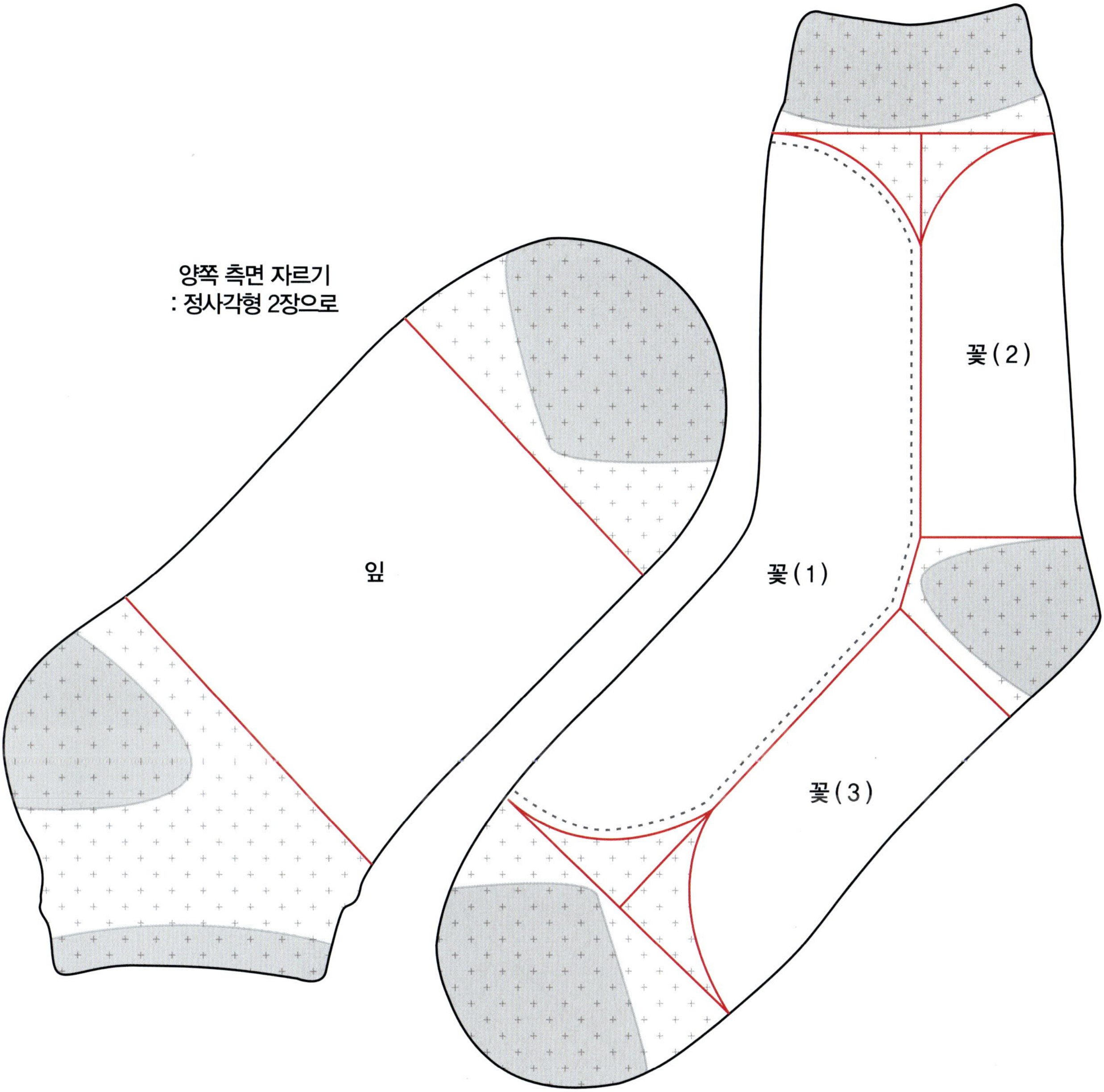

잎

꽃 (2)

꽃 (1)

꽃 (3)

밴드

리본

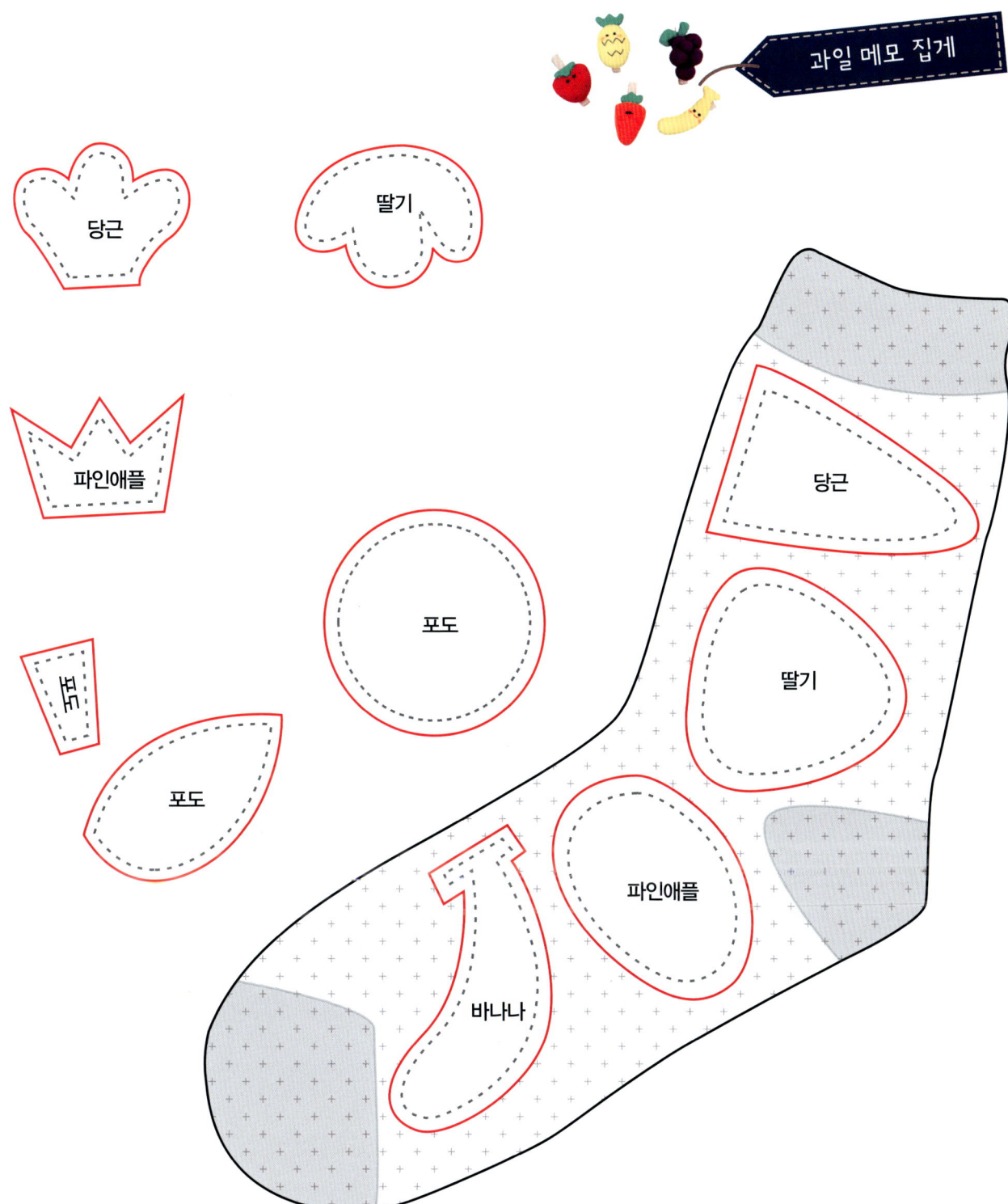

과일 메모 집게

당근

딸기

파인애플

포도

포도

포도

당근

딸기

파인애플

바나나

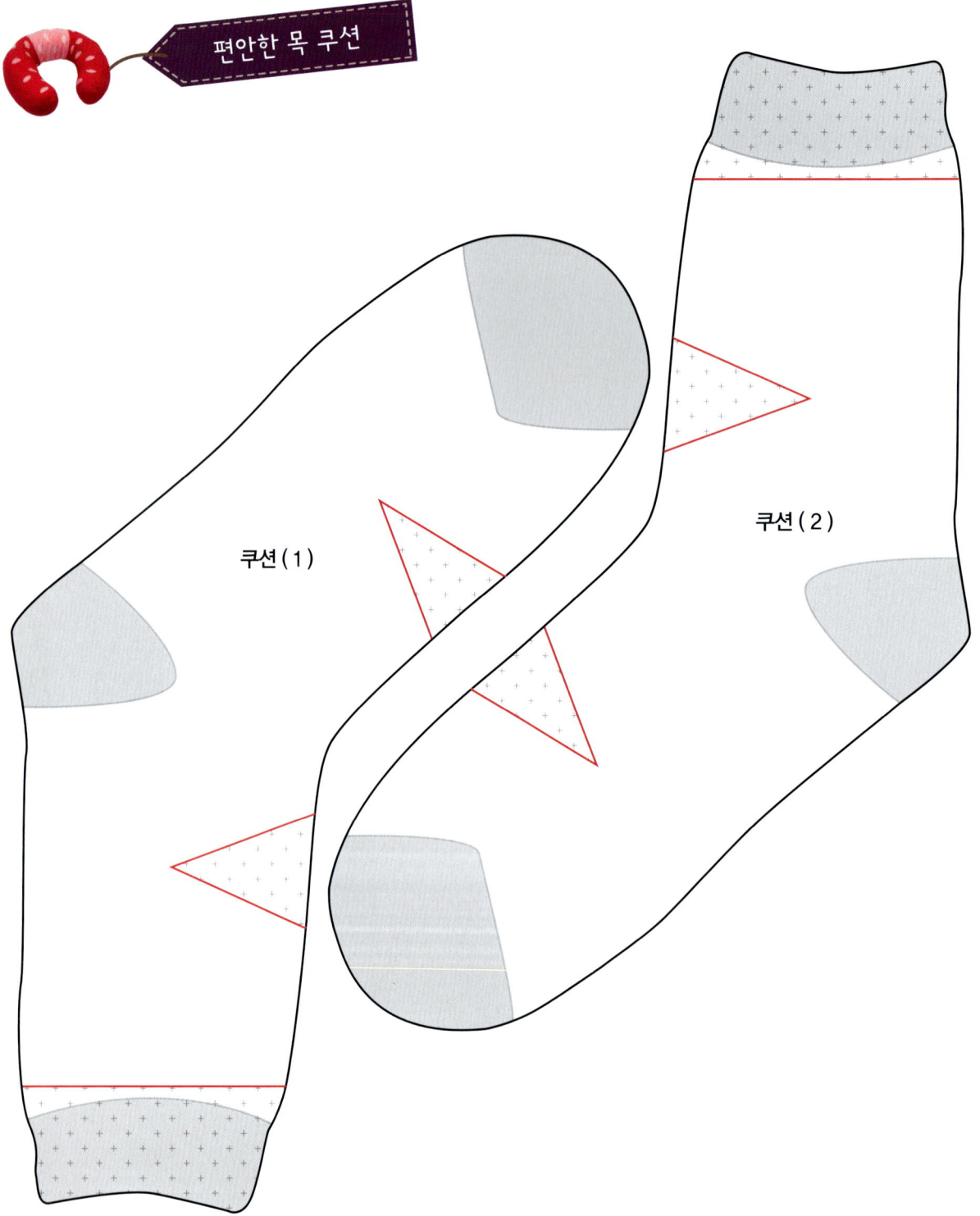

편안한 목 쿠션

쿠션 (1)

쿠션 (2)

개구리 몸통

팔

팔

다리

다리

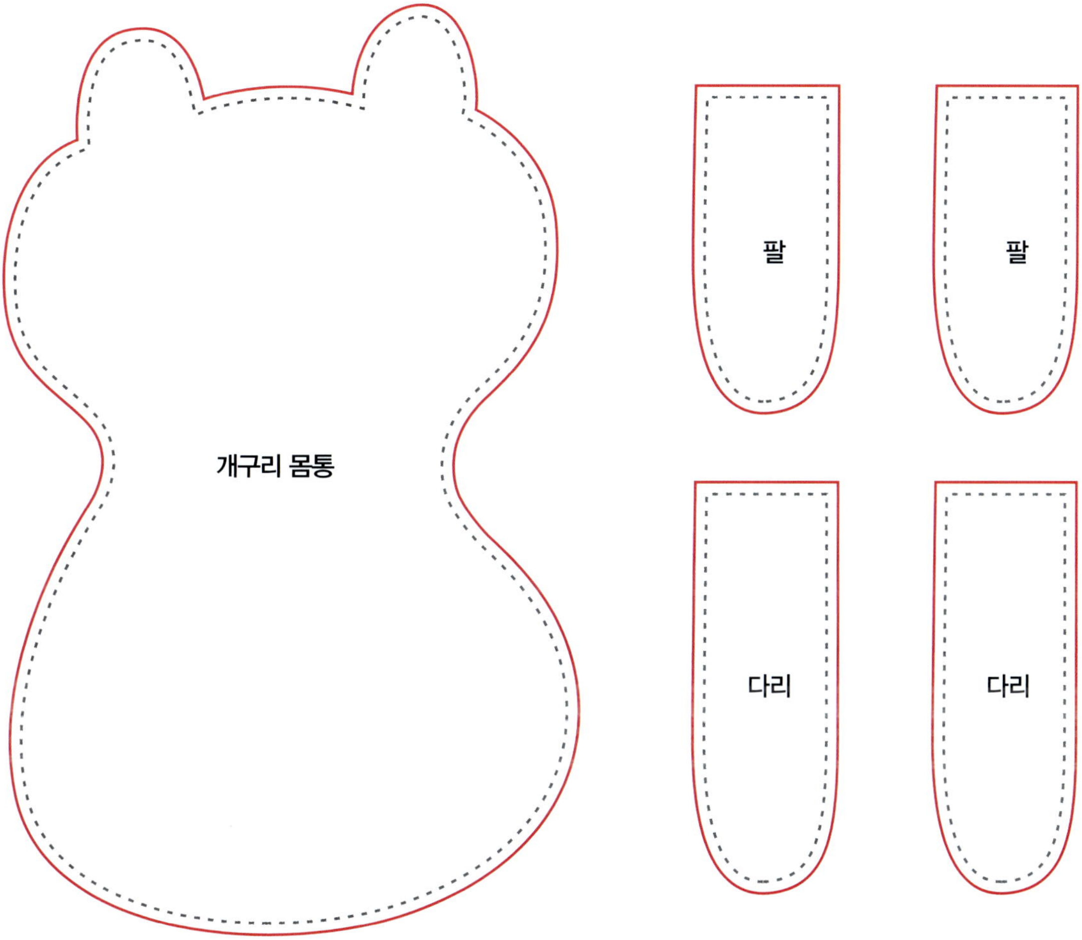

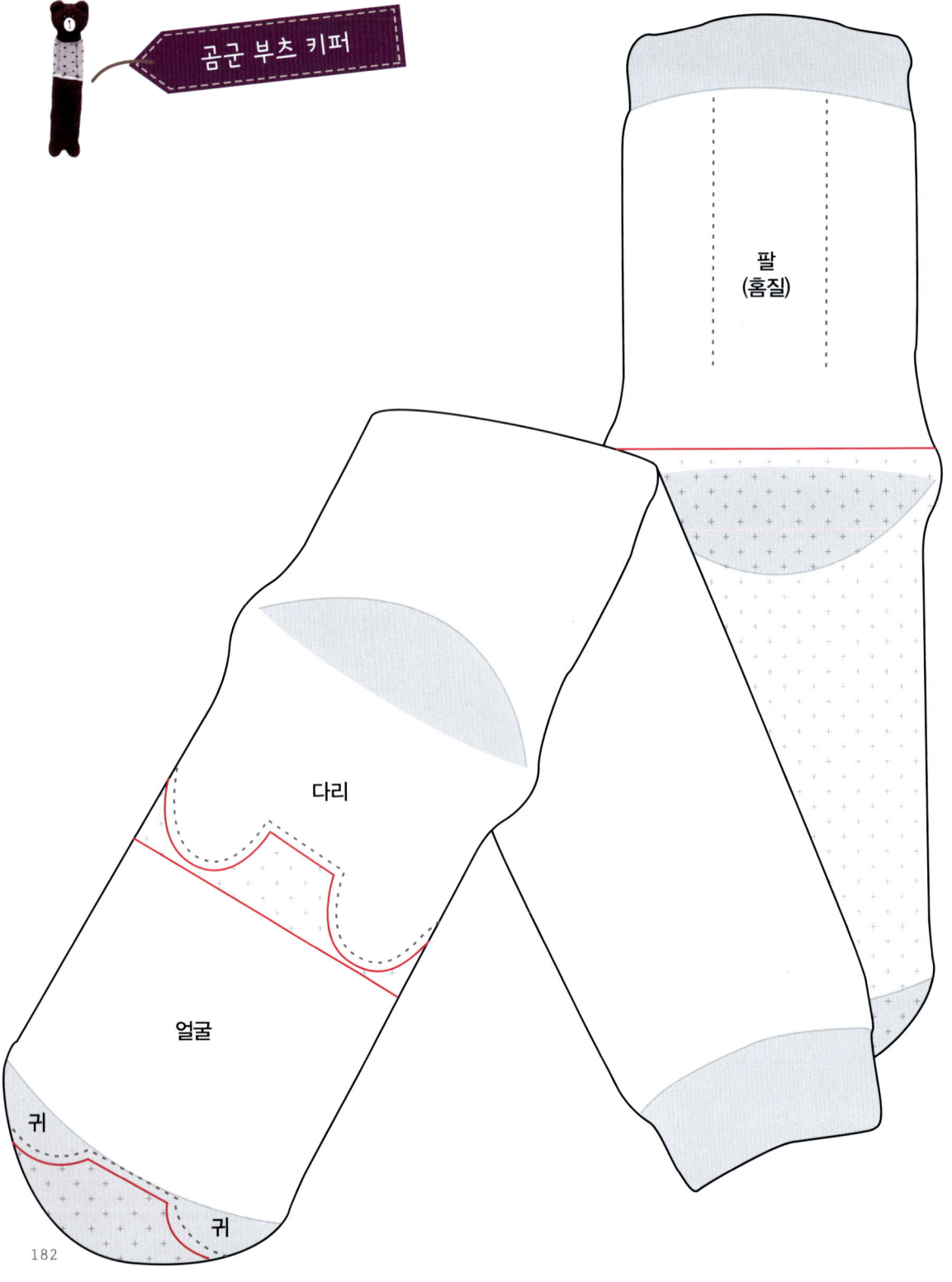

곰군 부츠 키퍼

팔
(홈질)

다리

얼굴

귀

귀

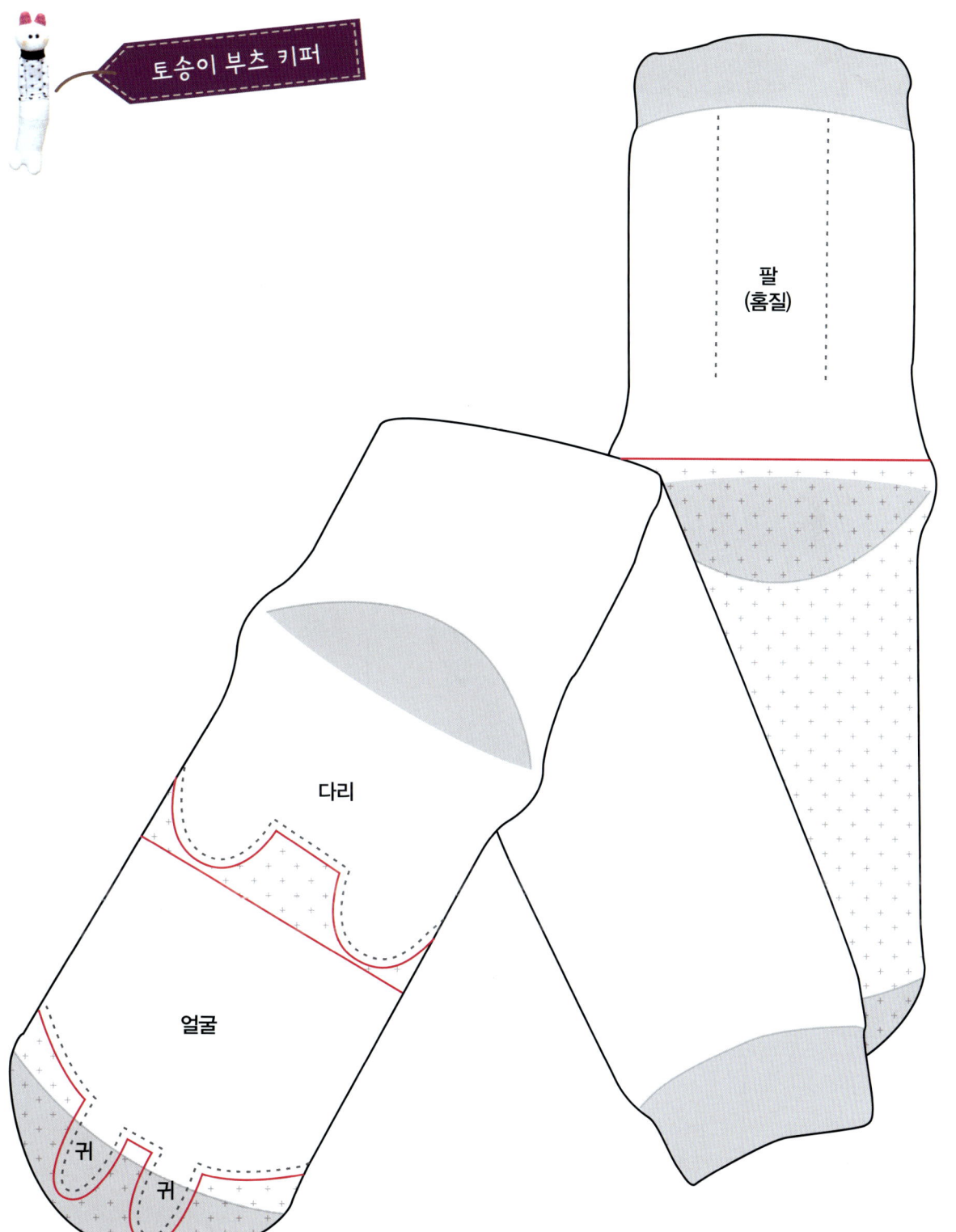

토송이 부츠 키퍼

팔
(홈질)

다리

얼굴

귀

귀

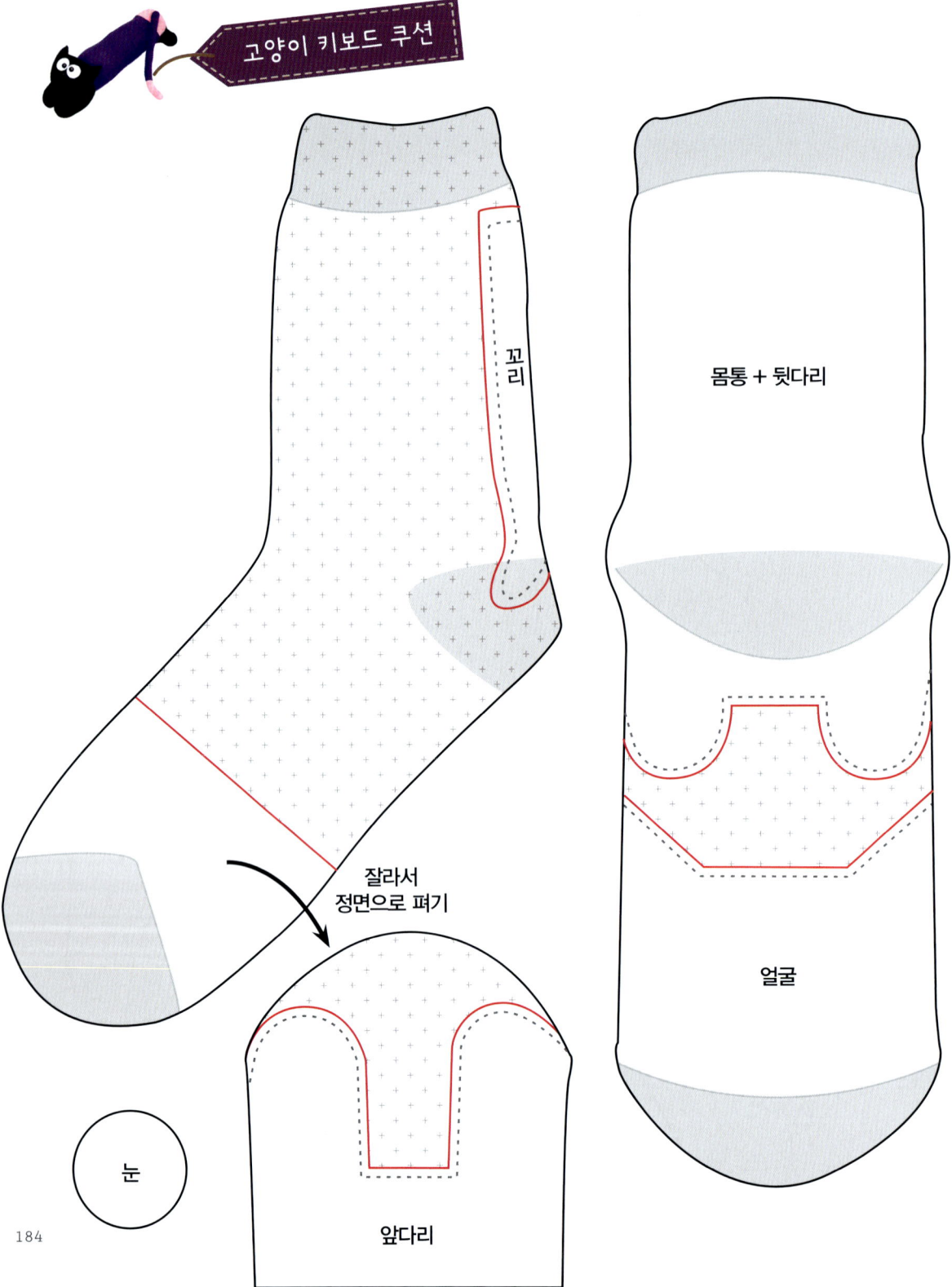

고양이 키보드 쿠션

꼬리

몸통 + 뒷다리

얼굴

잘라서
정면으로 펴기

앞다리

눈

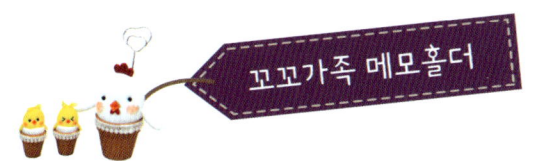

꼬꼬가족 메모홀더

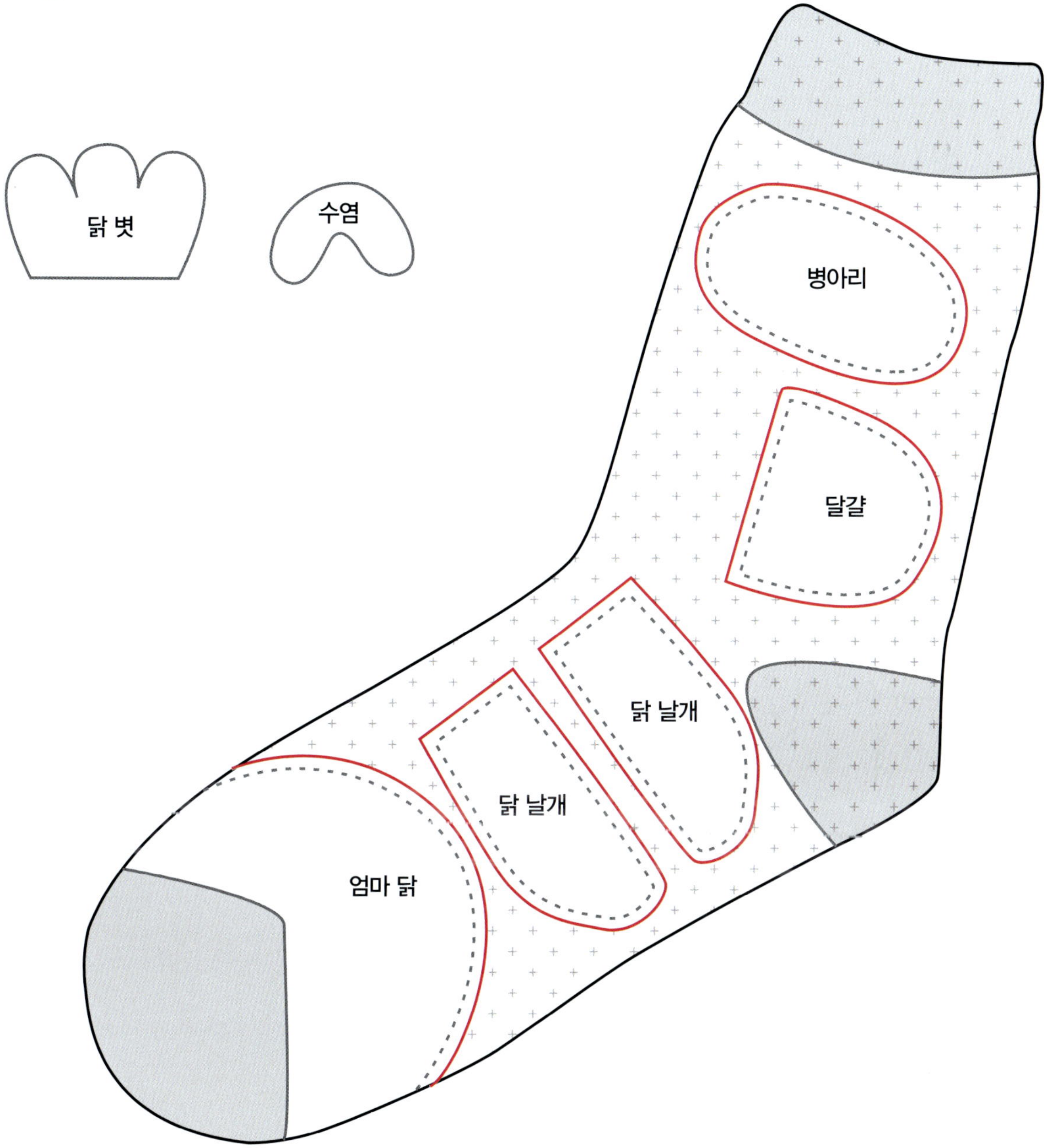

닭 벗

수염

병아리

달걀

닭 날개

닭 날개

엄마 닭

앞머리

얼굴

아기 몸통

젖병

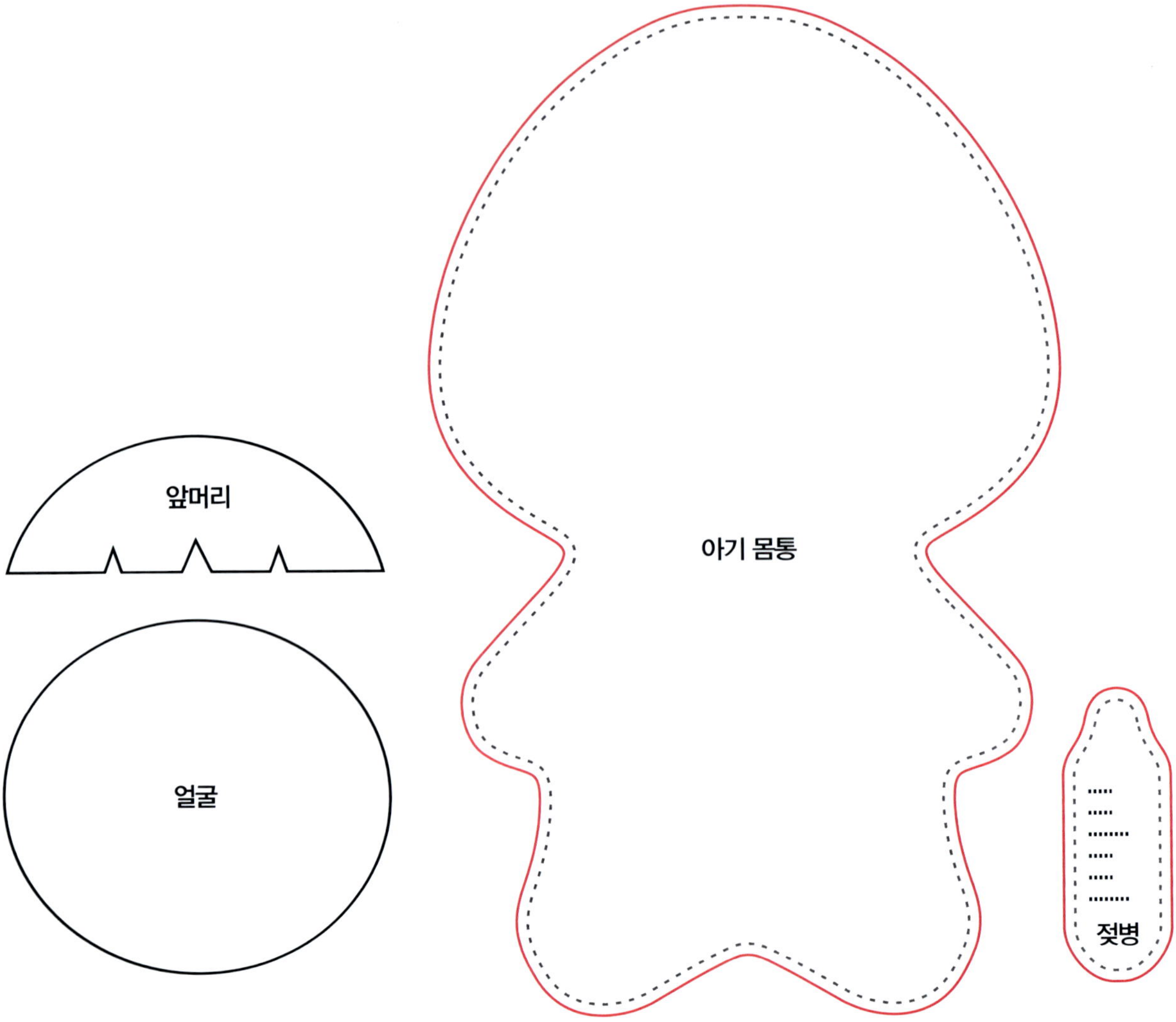

Baby
in
Car

하트

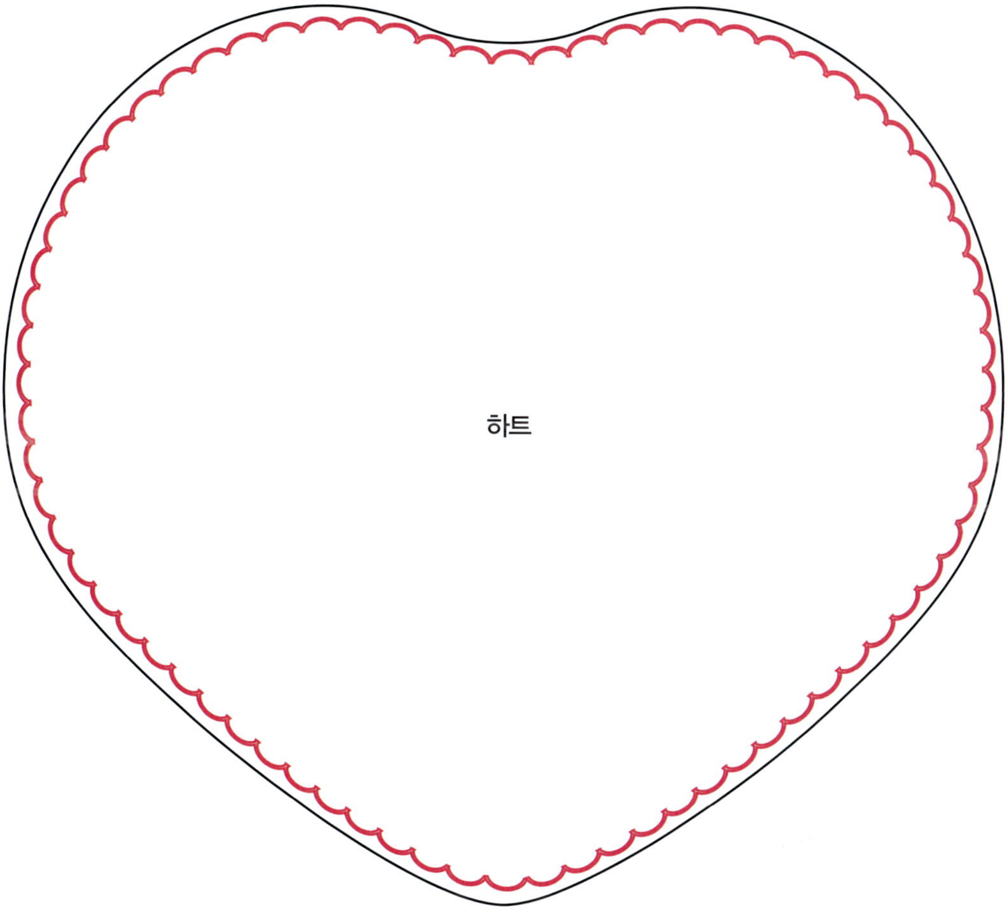

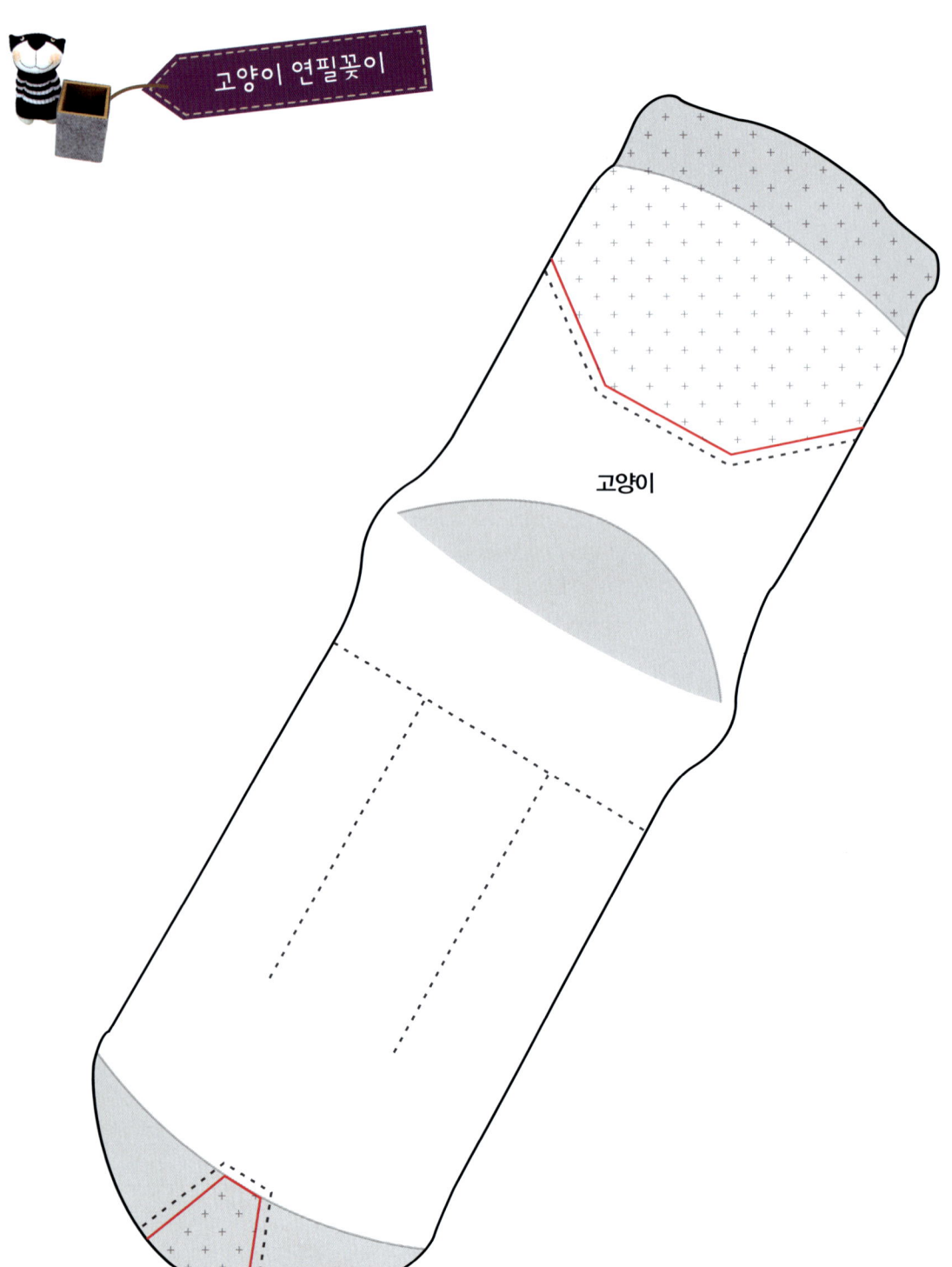

고양이 연필꽂이

고양이

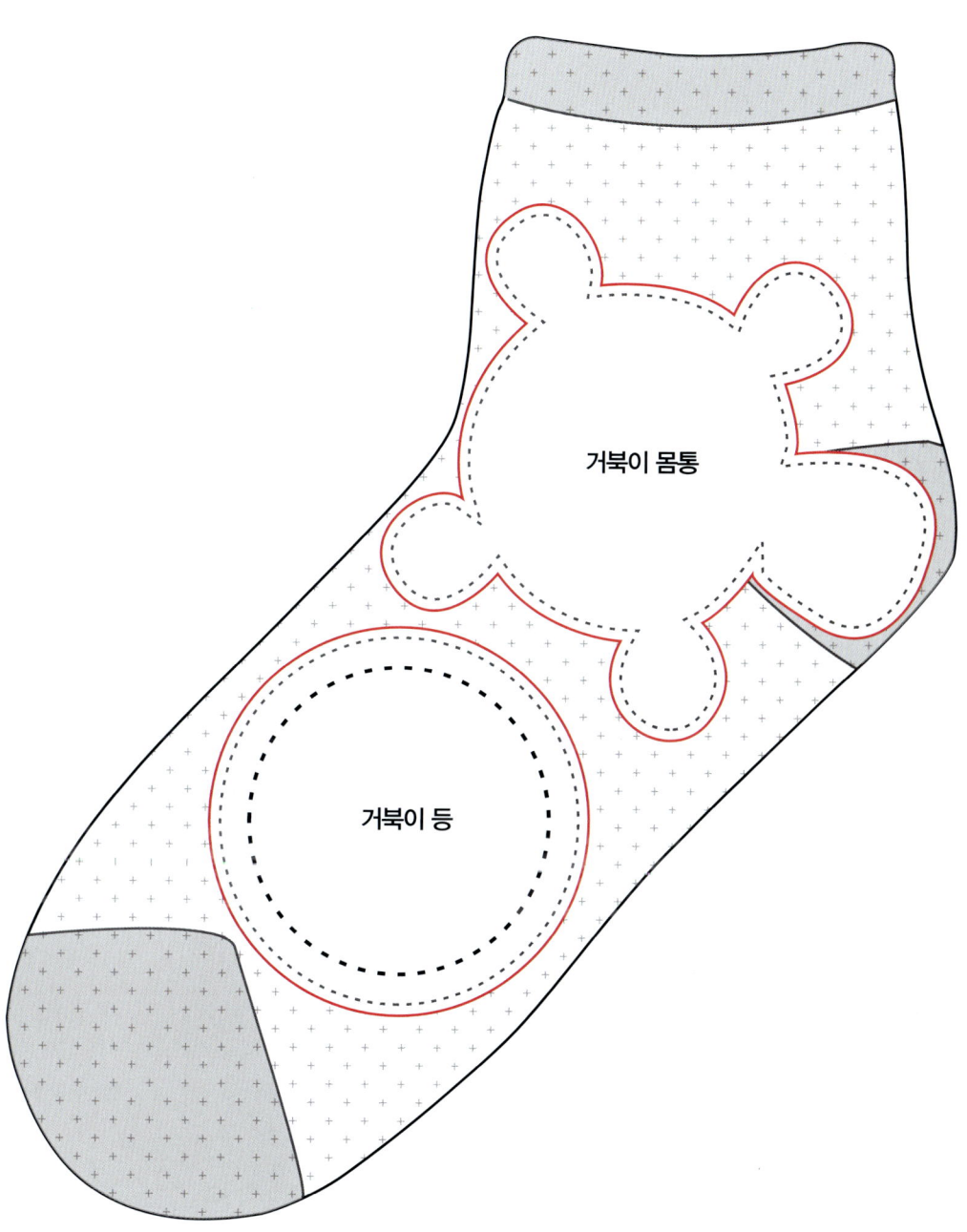

거북이 핀 쿠션

거북이 몸통

거북이 등

돼지 핸드폰 홀더

팔

팔

코

꼬리

귀

귀

돼지 몸. 다리

돼지얼굴

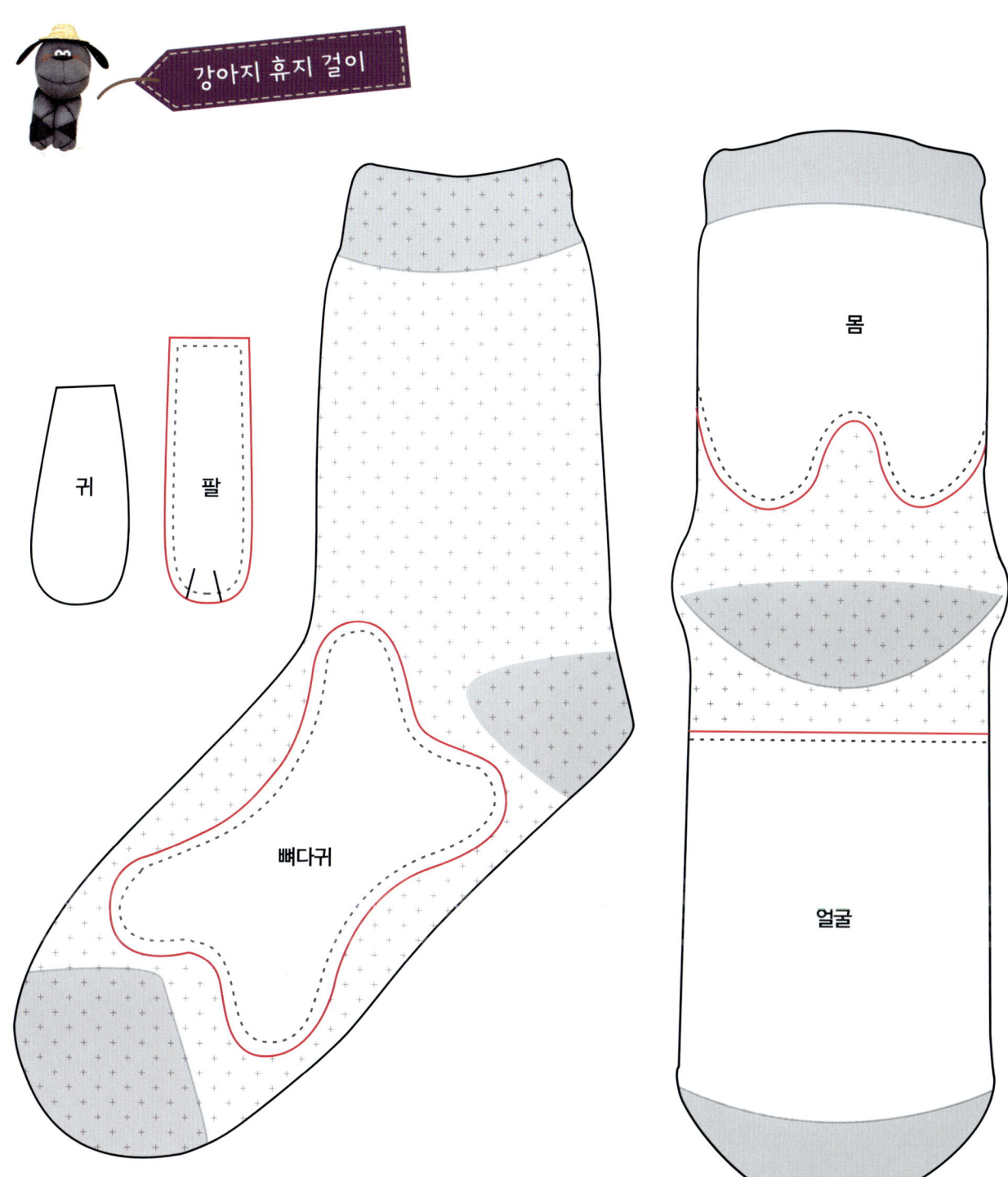

강아지 휴지 걸이

귀

팔

뼈다귀

몸

얼굴

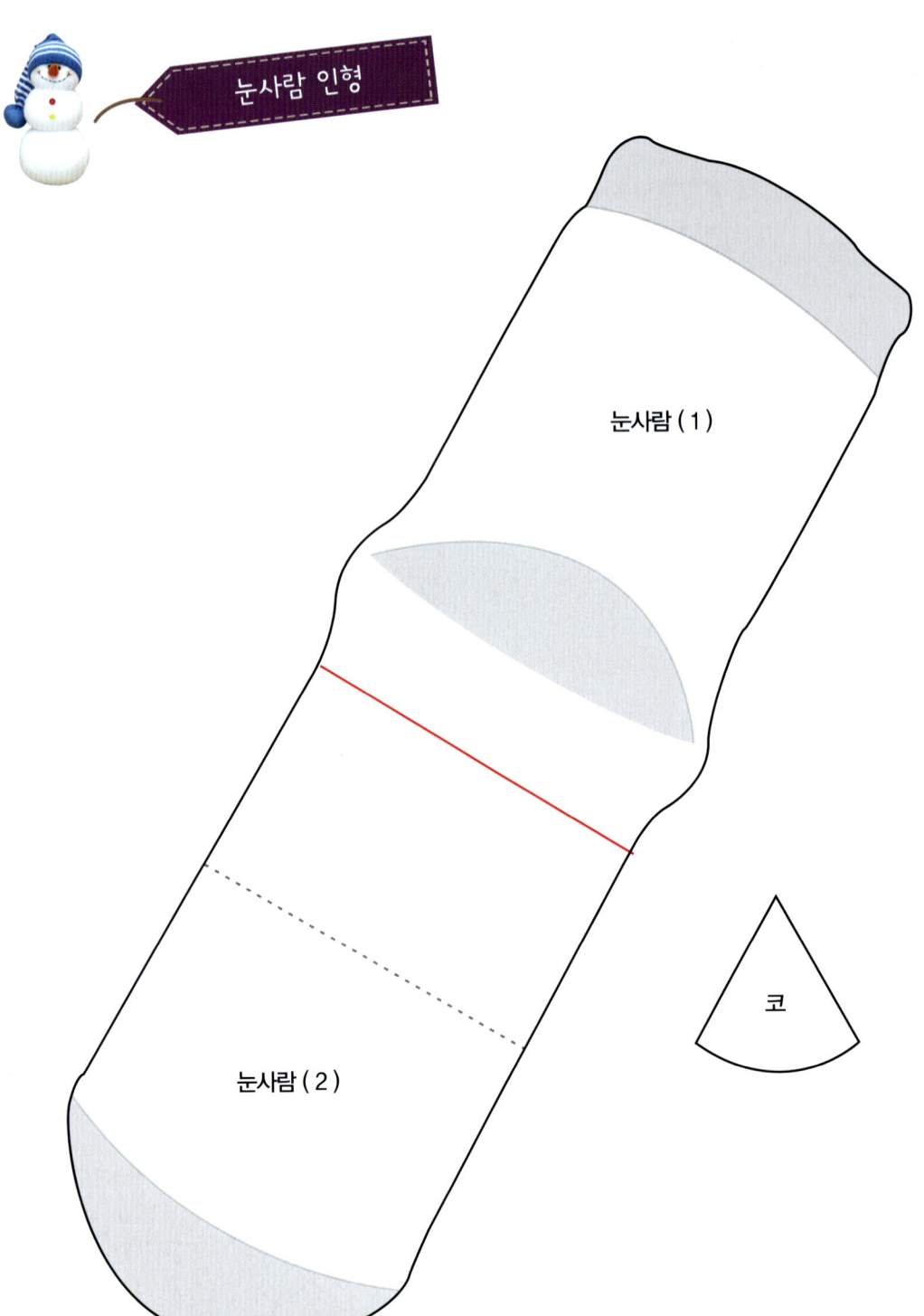

눈사람 인형

눈사람 (1)

눈사람 (2)

코

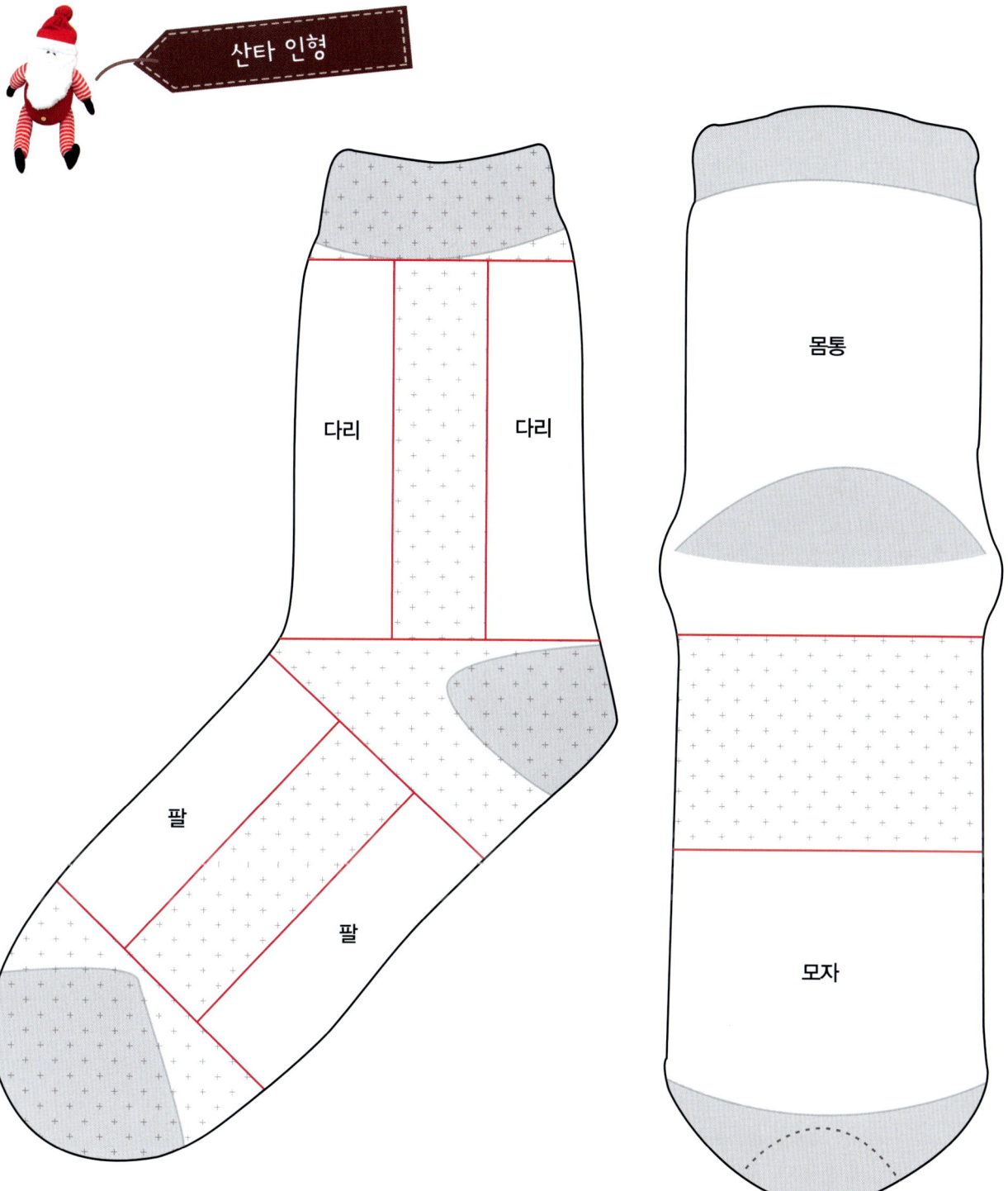

산타 인형

다리

다리

몸통

팔

팔

모자

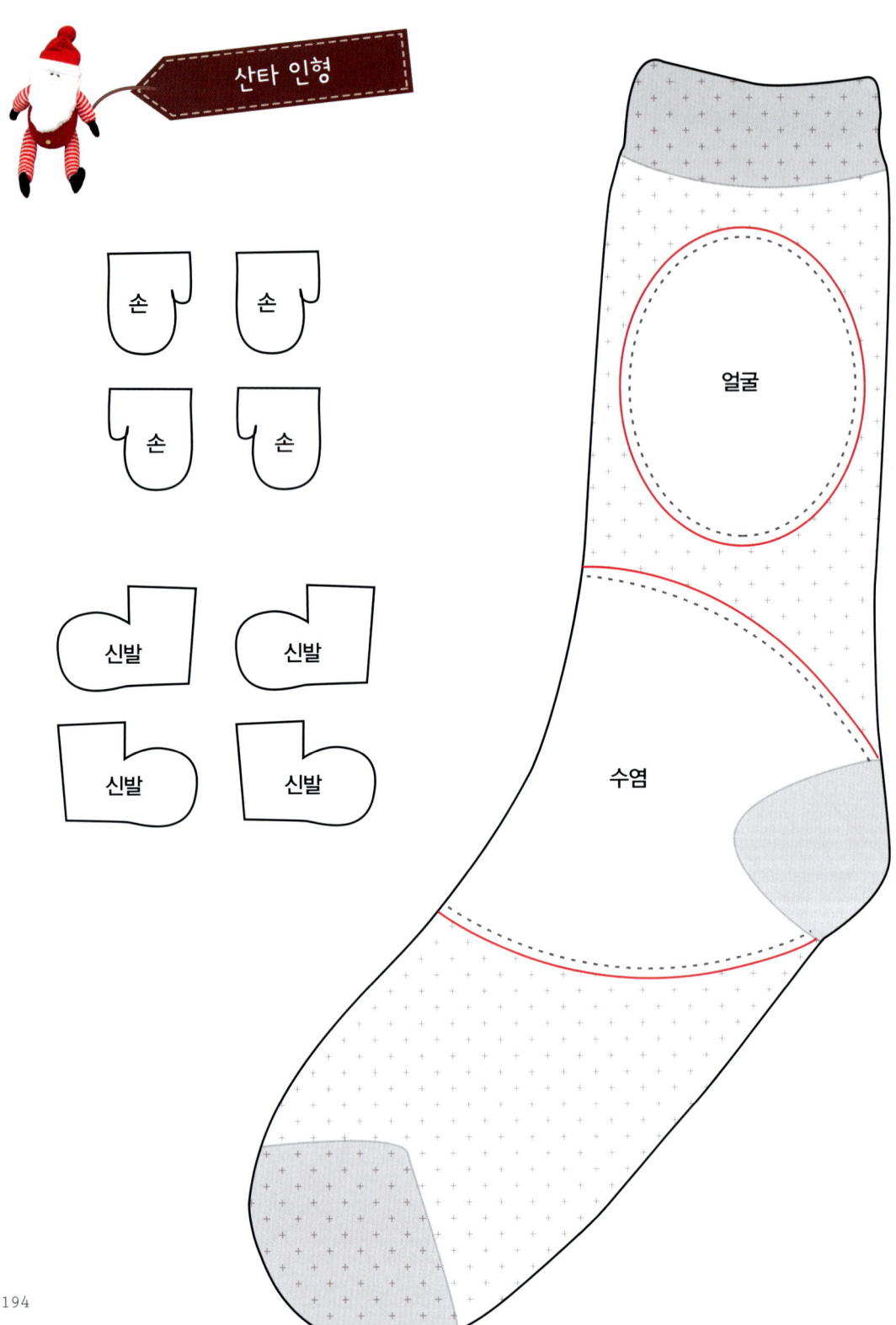

산타 인형

손 손

손 손

신발 신발

신발 신발

얼굴

수염

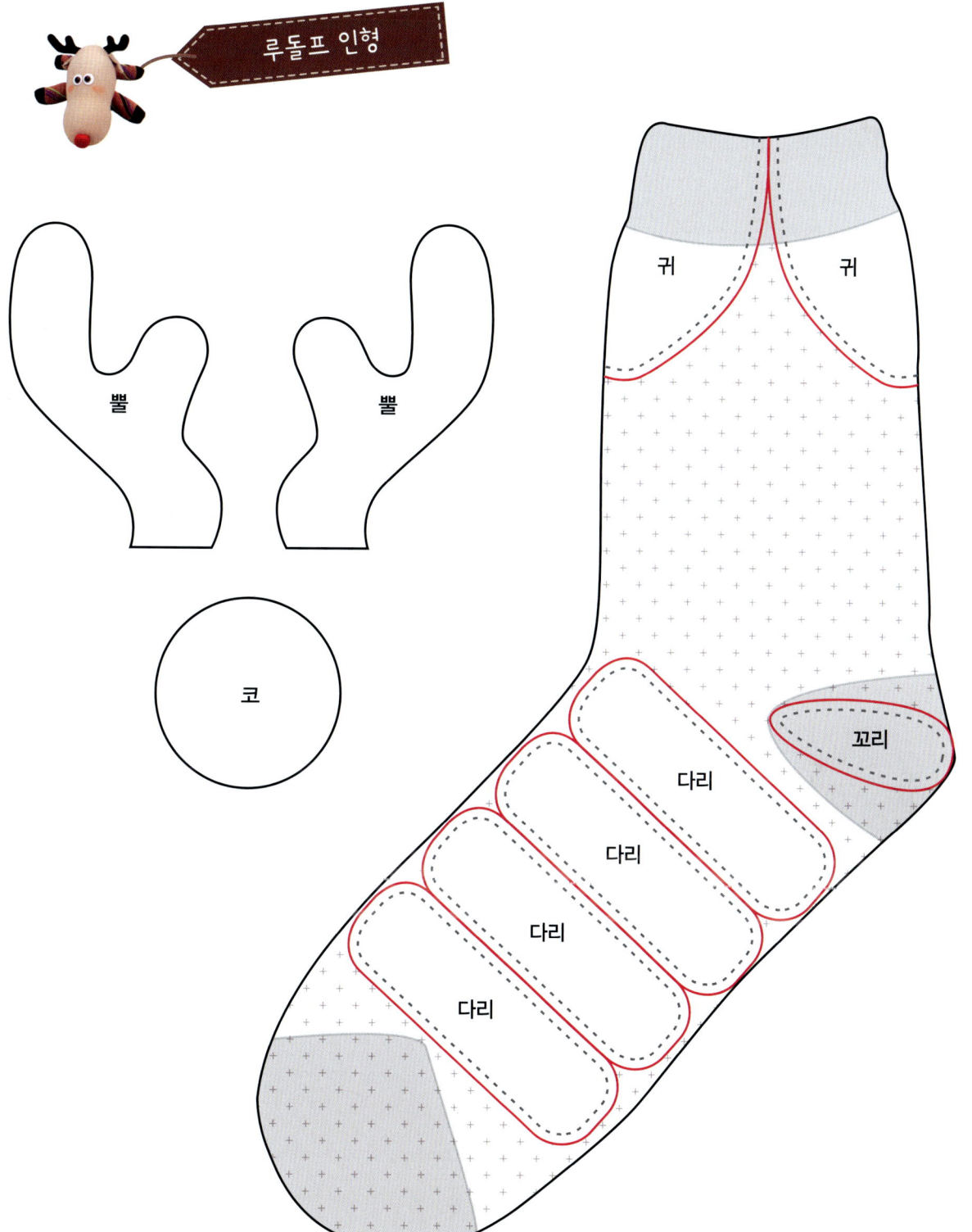

루돌프 인형

뿔

뿔

코

귀   귀

꼬리

다리

다리

다리

다리

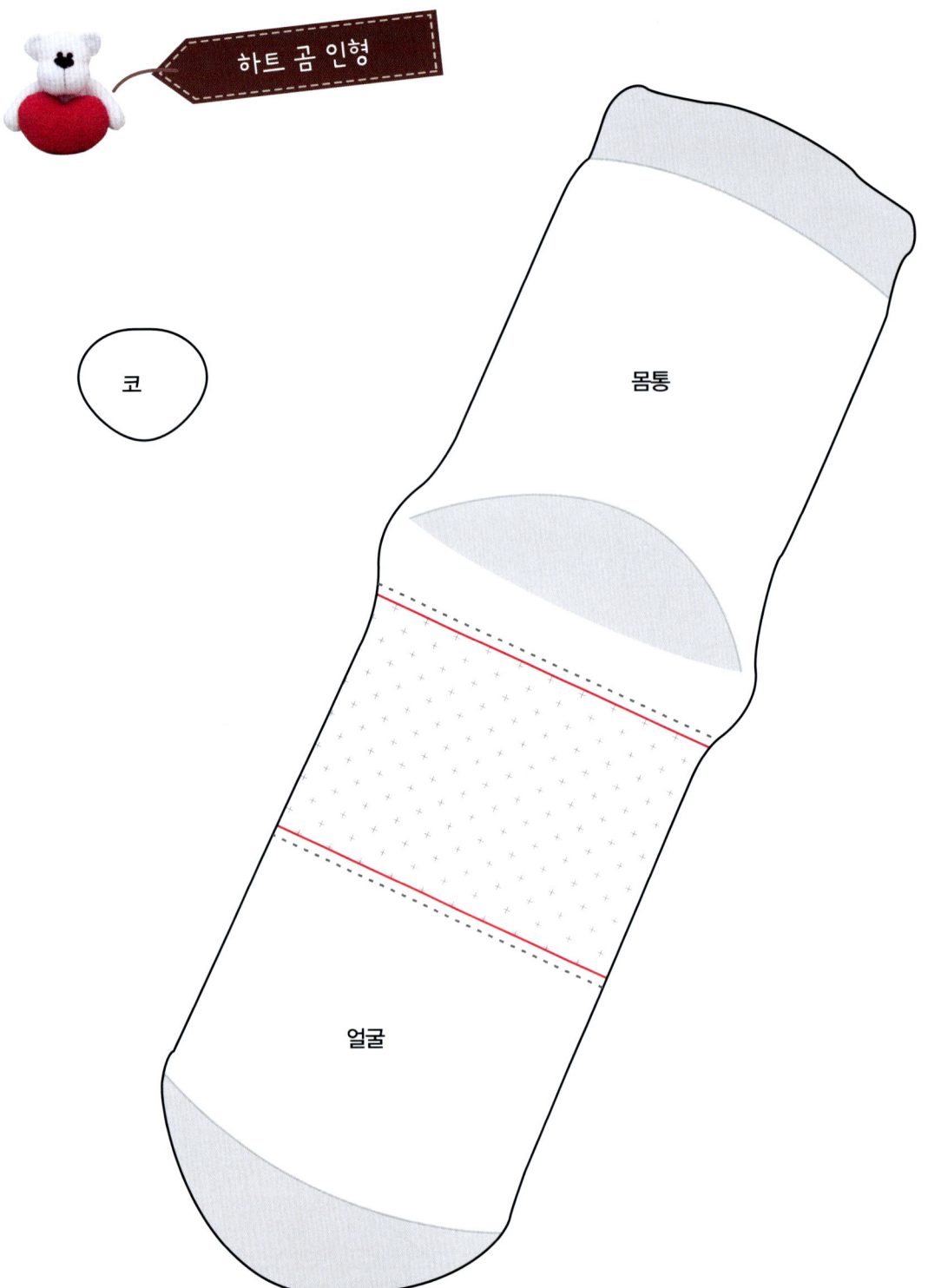

하트 곰 인형

코

몸통

얼굴

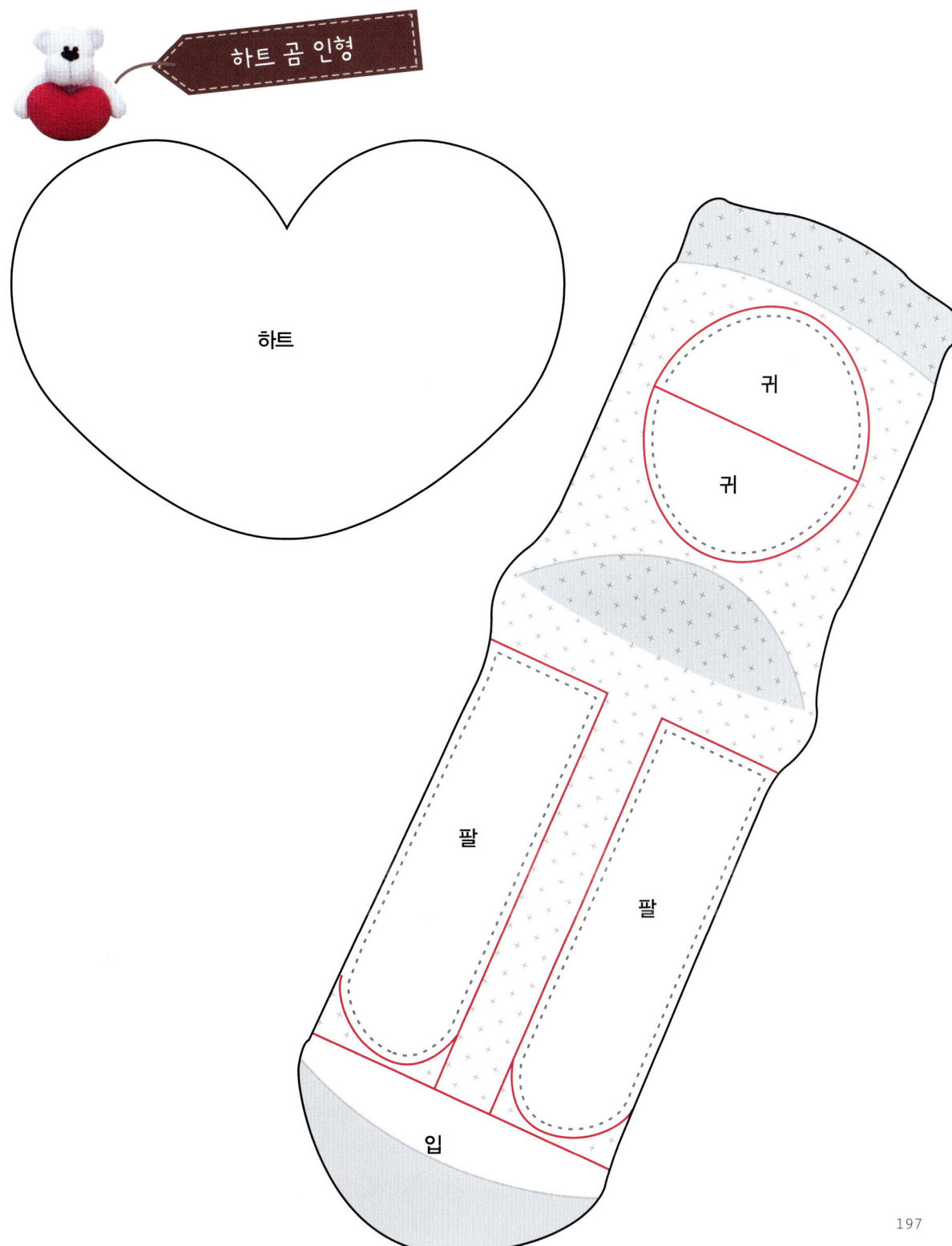

하트 곰 인형

하트

귀

귀

팔

팔

입

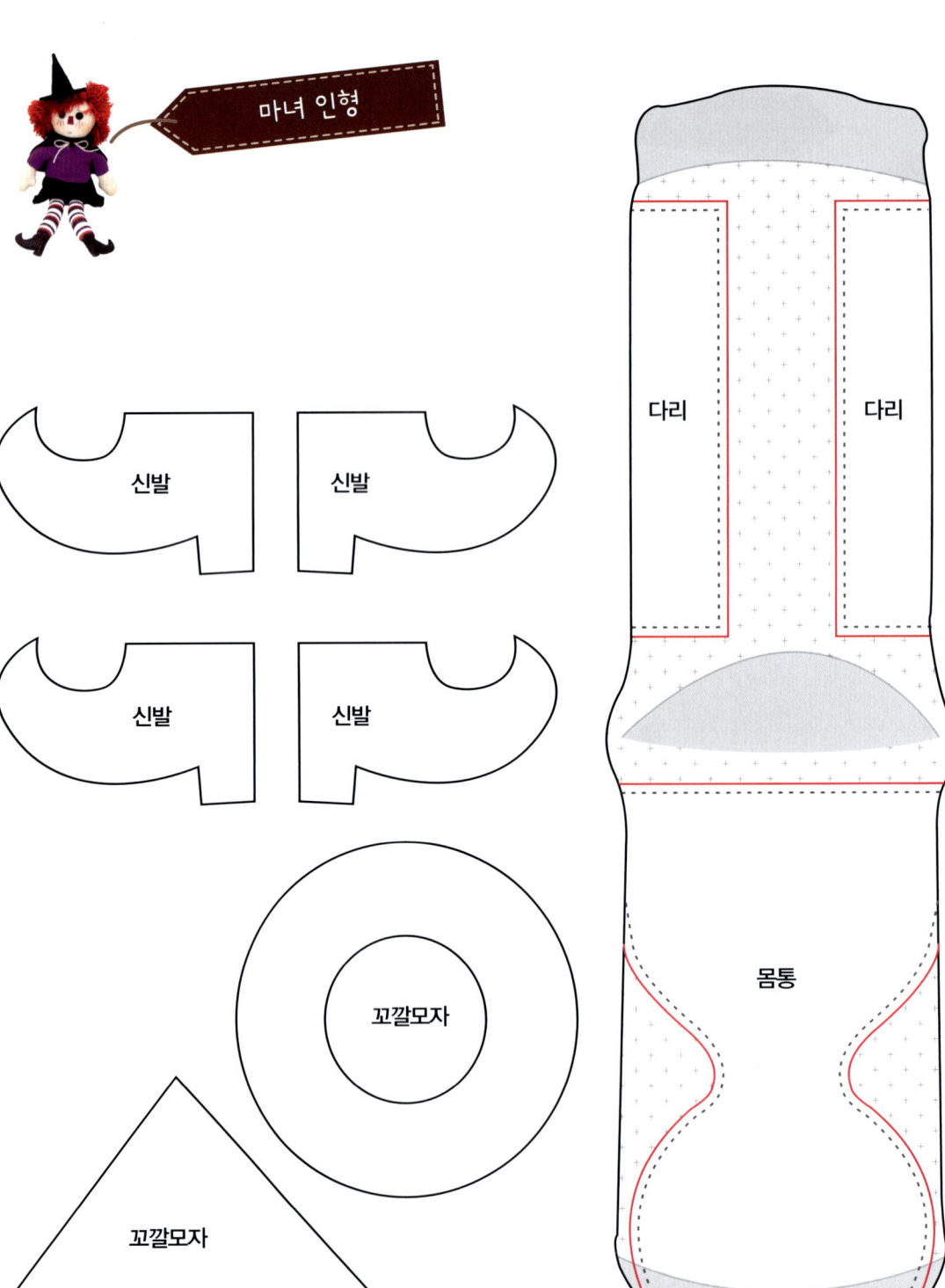

마녀 인형

신발

신발

신발

신발

꼬깔모자

꼬깔모자

다리

다리

몸통

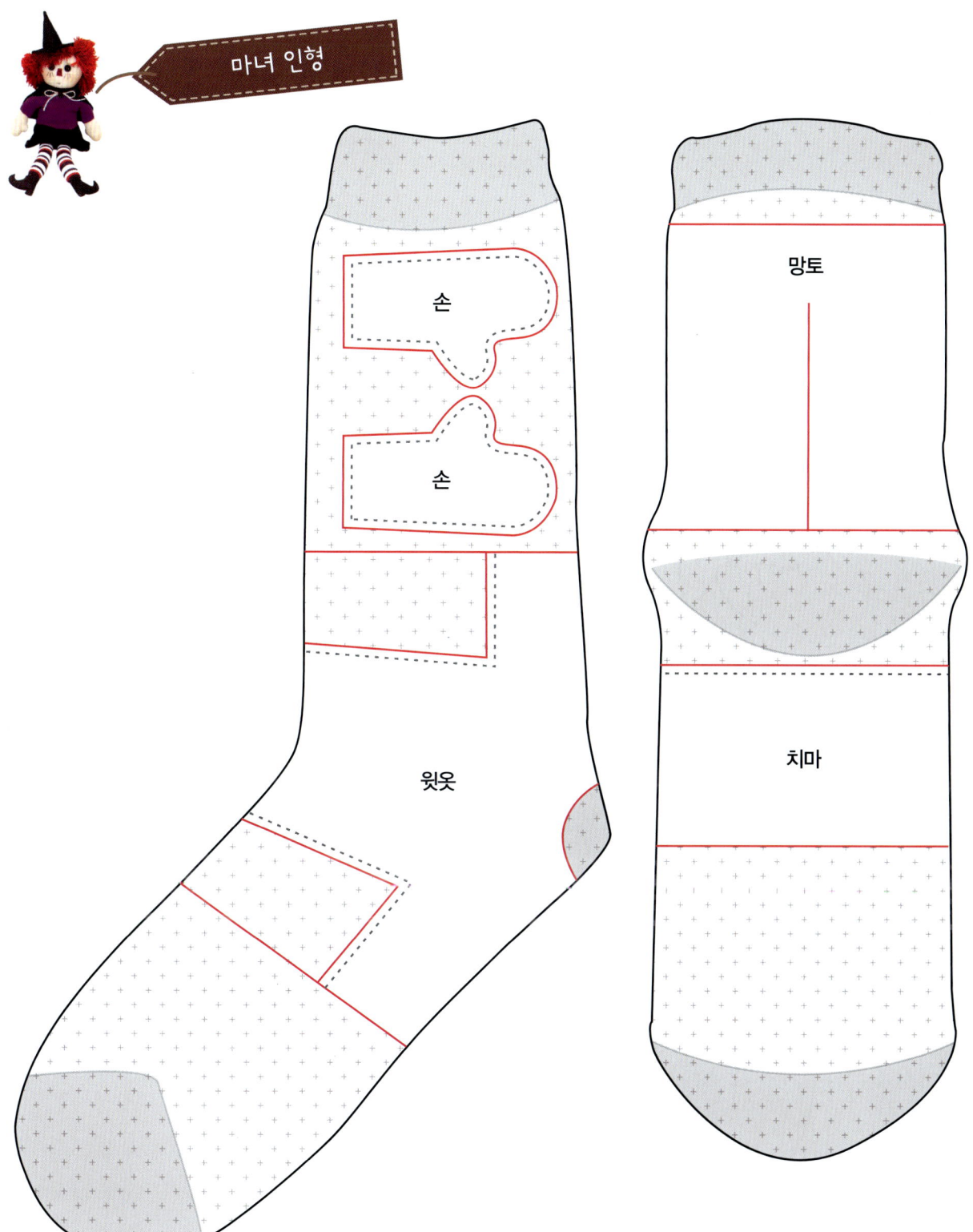

마녀 인형

손

손

윗옷

망토

치마

호박 인형

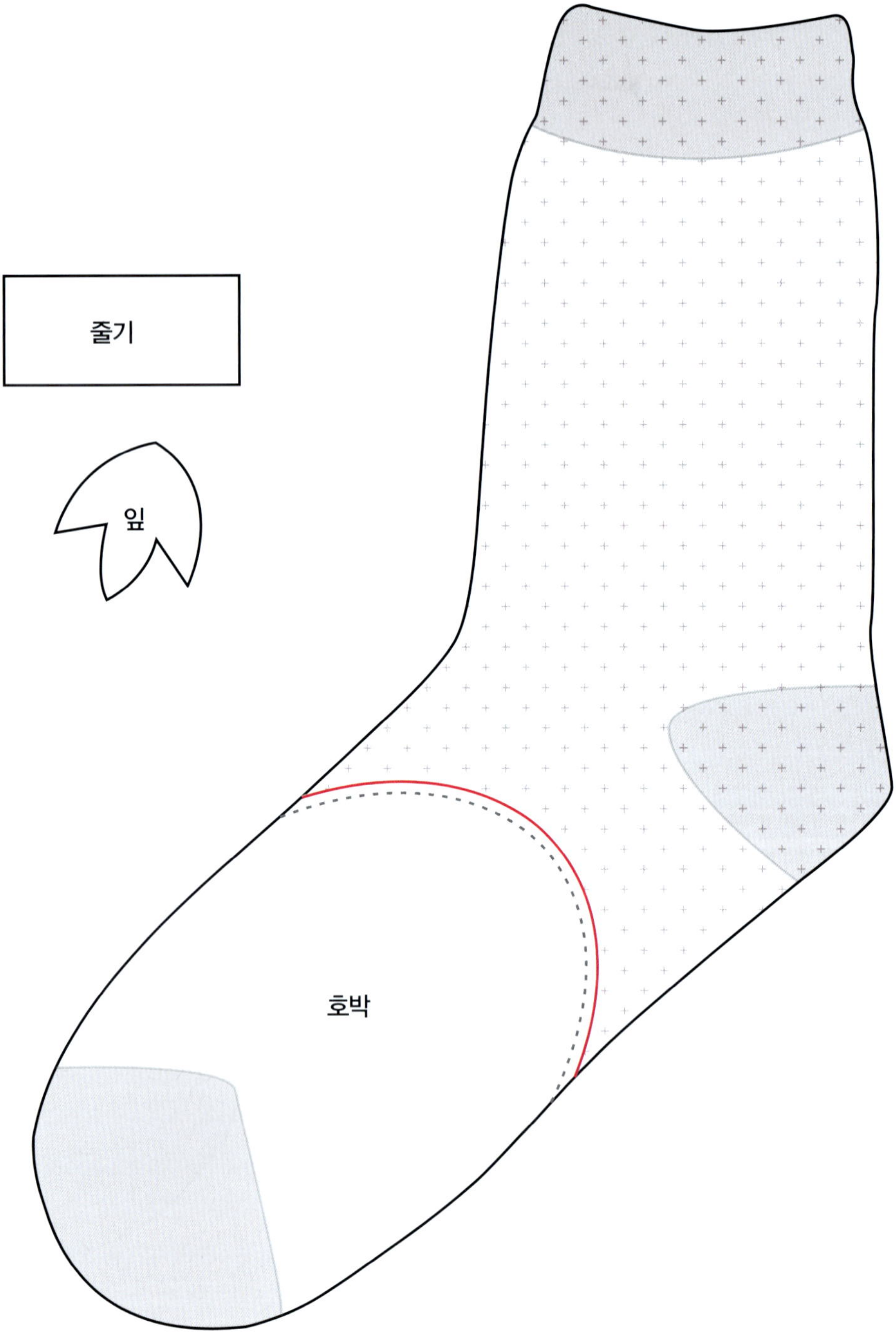

줄기

잎

호박